配電設備
ビギナーズ

村田 孝一 著

実は，あなたのすぐそばにある配電設備

電力を供給する設備の末端に位置する配電設備については，意識したことがある方は少ないかもしれません（かくいう私も学生時代はまったく意識がありませんでした）．しかし，配電設備は私たちの身近にあり，生活に深くかかわっています．特に最近の配電設備は，増加しつつある再生可能エネルギーなど分散型電源の増加，甚大な被害を及ぼす台風や地震などの自然災害に対するレジリエンスの強化など，様々な変化への対応が求められています．

著者は現在，建設コンサルタント会社において国内外の配電関係のプロジェクトを担務している関係上，お客さまや新入社員など配電設備にかかわるのが初めてという方々から「配電設備について概要を知りたい」，「新入社員の教育用などに適当な資料はないか」といった相談を受けることがあります．しかし，書店やインターネットで探してみても「送配電工学」という１つの学問として扱う図書が多く，配電設備について初心者向けにわかりやすくまとめられた書籍はなかなか見当たりません．その結果として，実務経験のない（もしくは少ない）方にとって配電設備は容易に理解できるものではなく，大変ご苦労されるようです．

本書は，配電設備に長年かかわった経験に基づき，新人技術者など初めて配電設備に接する方，電気業界への就職を考えている方などが理解しやすいことを念頭に書いています．執筆に当たっては，配電設備に関する視覚的な理解を容易にすべく写真や図を極力多用して，実務経験がない方でもわかりやすい内容にするよう努めました．したがいまして本書の内容は，配電設備の「基本の基」にフォーカスしていますので，各電力会社による配電設備の細かな相違点，配電設備に関連する最新技術動向，再生可能エネルギーなどの分散型電源と配電系統の連系や，その際の課題と対策などについてはあえて言及していません．それらについては，本書で配電設備の「基本の基」をご理解いただいた後，必要に応じて「応用問題」として調査や検討を進めていただければと思います．

末尾ながら，本書の執筆にあたり，資料のご提供など多大なご支援をいただきました東京電力パワーグリッド(株)配電部のみなさま，他各社のみなさま，渡邉髙伺さまに深く感謝の意を表します．

2025 年 3 月　村田　孝一

CONTENTS

1部　配電設備とは？

2部　配電系統とは？

3部　配電系統・設備の計画を知ろう！

4部　配電設備の設計・建設を知ろう！

5部　配電設備の事故と予防・保守を知ろう！

6部　実務に必要な配電に関する計算のあれこれ

配電設備

1部

私たちの生活に身近な配電設備

電力系統における配電設備の位置づけ

最初に，配電設備という言葉を初めて聞く方々のために簡単に説明をしておきたいと思います．配電設備は，発電所で発電された電気が，送電線や変電所を経て各家庭に供給される一連の流れ（これを「電力系統」と呼んだり，「電力ネットワーク」などと呼んだりします）において，需要家に最も近いところに設置される設備です．

発電から配電までの一連の流れと，配電設備の位置づけを**図1**に示します．電気は，図1の左側にある様々な発電所から右側に向けて流れていきます．配電設備は図中の一番右側，すなわち最も需要家寄りに設置されるものです．

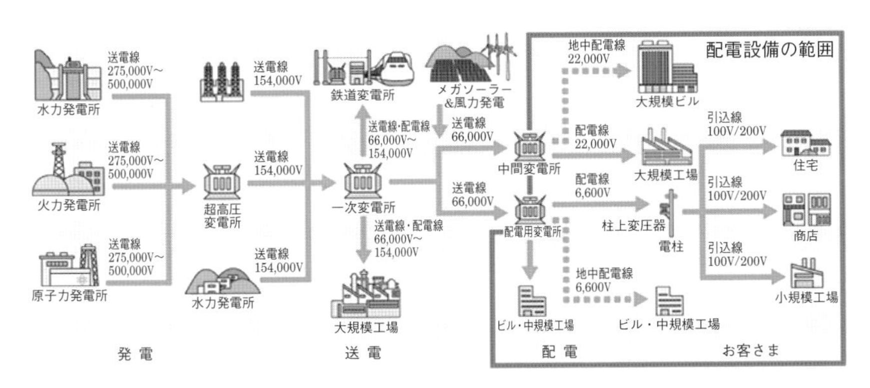

図1　発電から配電までの一連の流れと配電設備の位置づけ
出典：東京電力パワーグリッド(株)

図 1 に関連して少し説明を補足します．電力は，水力発電所，火力発電所，原子力発電所，最近では再生可能エネルギーを用いた発電所といった種々の発電設備で発電され，送電線を流れ，各変電所でその電圧が下げられ，配電線から各家庭へ流れます．

一般的なケースでは，66 kV などの特別高圧の電気が送電鉄塔から配電用変電所（**写真 1**）に送電線によって引き込まれ（ケースによっては 66 kV 地中ケーブルで引き込まれます），配電用変電所内の 66 kV/6.6 kV 変圧器（「バンク」と呼ばれます）により，6.6 kV の高圧に変換されます．6.6 kV の電気は，変圧器の 2 次側から数条の地中ケーブルに分かれ，配電用変電所付近の電柱に立ち上げられ，街中で見かける高圧配電線に接続されています．

写真 1　配電用変電所の例

高圧配電線は，電柱と電柱との間に張りめぐらされ，電力を隅々まで供給する役割を担います．さらに高圧の電力は，高圧電線より分岐して引き下げられた電線（高圧引下げ線）を通じて柱上変圧器の 1 次側に入り，ここで低圧（100/200 V）に変換されます．低圧の電力は，柱上変圧器の 2 次側から低圧配電線を流れ，最終的に引込線によって一般家庭などへ供給されています．

一般に，電力需要は面的に広がっていますので，その需要に対応すべく，配電設備も面的に設置されています．電柱の工事やメンテナンス，コストなどの

写真2　道路沿いの配電設備の例

観点から，配電設備は**写真2**のように道路に沿って設置されることが多いので，公衆の安全についても十分な考慮が必要になります．

配電設備には，上記のように電柱とその上部に電線等を設置して電気を送る「架空配電設備」と，地面の下に電線（正確には後述する「ケーブル」）を埋設して電気を送る「地中配電設備」があります．

架空配電設備は，電線とそれを支えるがいし，電柱などの支持物や金物類，柱上変圧器，開閉器などの機器類によって構成されています．後述する地中配電設備に比べて，雷や雪などの自然災害や樹木・鳥獣などの他物接触による設備の被害や地絡・短絡などの電気事故の頻度は多いですが，その発見や復旧は地中配電設備よりも迅速に実施できることが多く，建設コストが一般に1/10～1/20程度であることや工事期間が短くて済むことなどの特徴があります．

一方，環境調和が強く求められる地域や，架空配電設備では設備の工事や保守などが困難である場合，および昨今の無電柱化推進の社会的要請に応えるため，道路管理者と合意した無電柱化対象の道路については，地中配電設備によって電力供給されています．

地中配電設備は，高圧・低圧地中ケーブルに加え，歩道上に配置する開閉装置や低圧需要家へ供給するための変圧器，低圧分岐装置などの地上設置機器により構成されています．架空配電設備に比べて自然災害の影響を受けにくく，その点では供給信頼度が高いので都心部や繁華街などに適用されることが多いですが，地中配電設備で電気事故が発生した場合は，事故点の発見や復旧には一定の時間を要することに留意する必要があります．

ここではイントロダクションとして，まず配電設備の多くを占める架空配電設備について説明します．

前述のように，電柱上では，様々な架空配電用の機材が組み合わされて架空配電設備を構成しています．**写真 3～5** に代表的な架空配電設備の例を示します．これらは比較的シンプルな設備の例ですが，まずは配電設備のより深い理解のための足がかりとして，架空配電設備のイメージをつかんでいただければと思います．

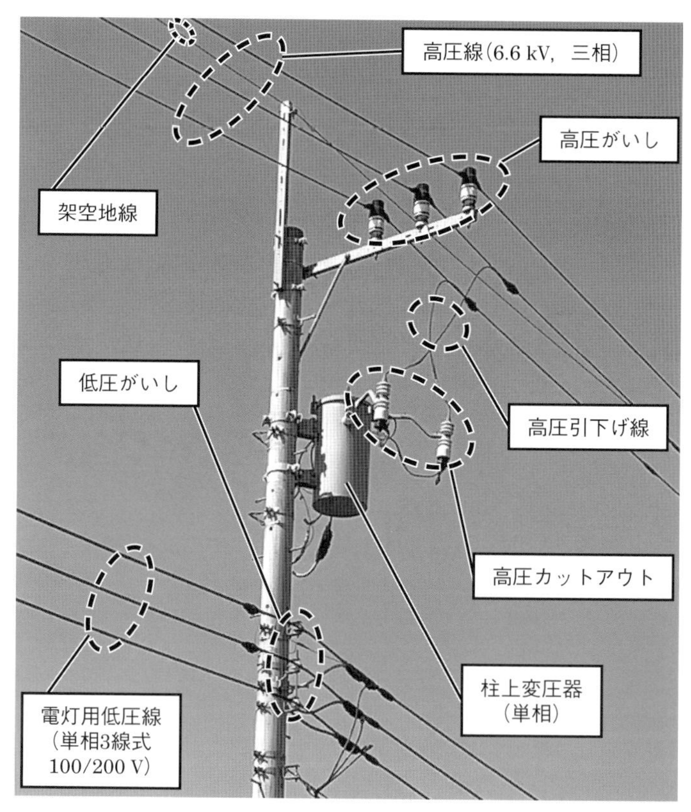

写真 3　代表的な架空配電設備の例（上部より高圧線，変圧器，低圧線）

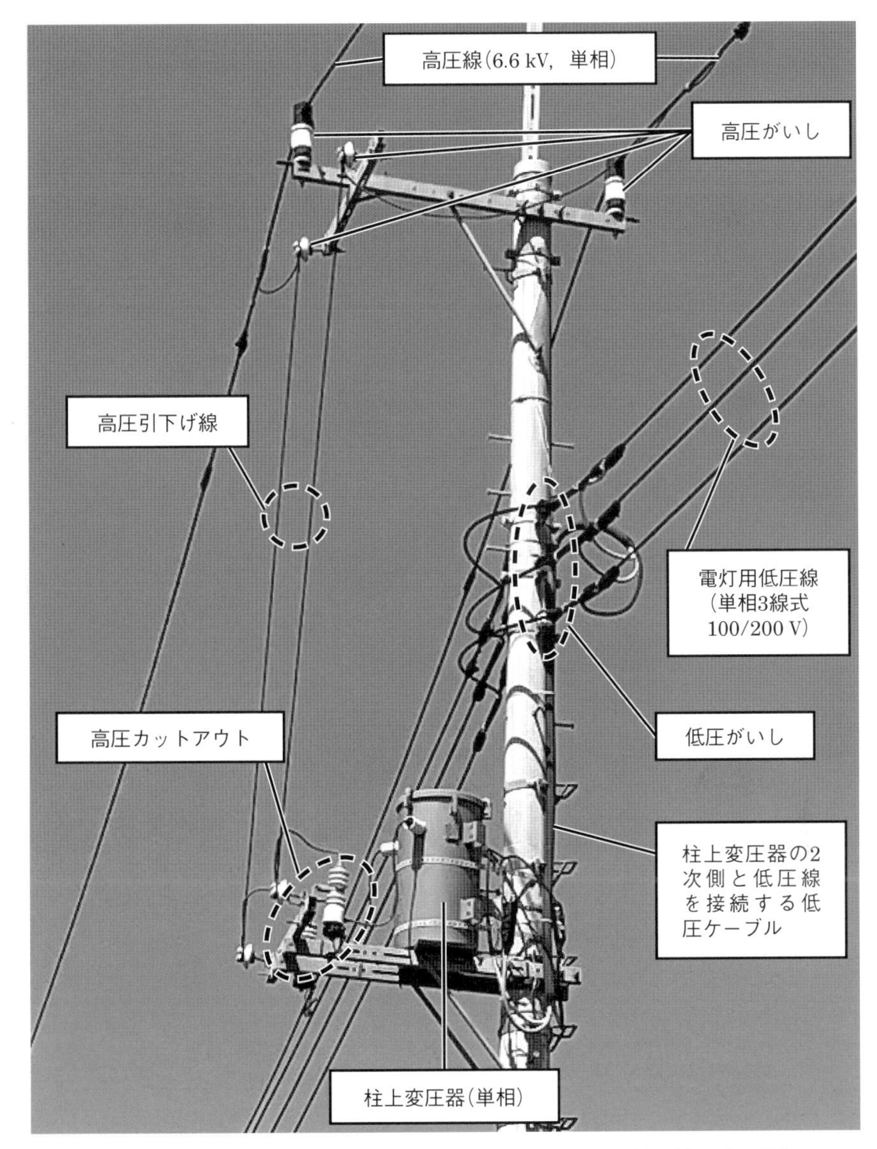

写真4 代表的な架空配電設備の例(上部より高圧線，低圧線，変圧器)

架空配電設備を構成する設備（支持物，電線，変圧器，開閉器，避雷器，引込線など）は，需要家に直結する設備であることから，公衆安全の確保を最優先に，電力の十分な供給力と信頼性を確保し，環境調和などを図った設備にす

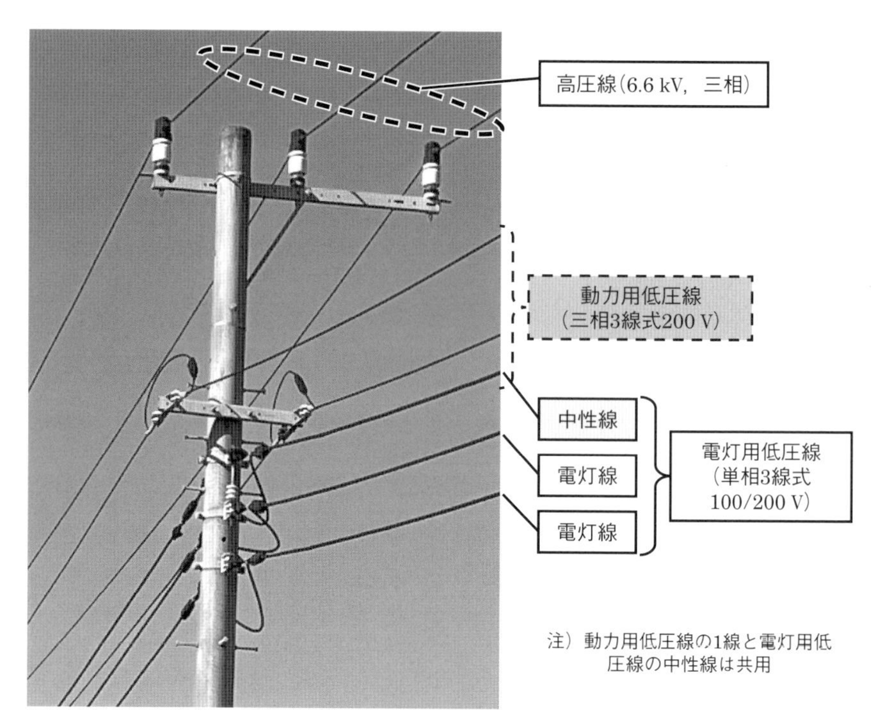

写真5 代表的な架空配電設備の例(上部より高圧線，低圧動力線，低圧電灯線)

る必要があります．そのために必要な機能を備えるとともに，経済性や工事・メンテナンス時の安全性や容易性を兼ね備えた製品が要求されます．

次に，主な架空配電設備（機材）について概要を説明します（電線同士の接続に使用するスリーブやコネクタなどの接続材料，絶縁カバー類など細かな機材については説明を省略します）．

配電設備の基本は架空配電設備

1．支持物（電柱）

(1)「電柱」と「電信柱」

架空配電設備として使用する支持物とは，主な架空配電設備を構成する電線，がいし，腕金，変圧器などを設置するために使用される，いわゆる「電柱」のことです．

厳密にいいますと，「電柱」といえば電力会社が所有する資産で，前述の目的のために電力会社が設置・管理しているものを指し，「電信柱」は電話，光回線，ケーブルテレビ等の通信用ケーブルや光ケーブルなどを設置するために，NTT などの通信会社が所有するものを指します．

電力を送るための電線と通信線の両方が 1 本の支持物に設置されることも珍しくなく，この場合は「共用柱」あるいは「共架柱」と呼ばれます（**写真 6**）．ビルや住宅が密集している地域など，電柱と電信柱を別々に建てる用地（スペース）の確保が難しい場合には，この共用柱が設置され，電線と通信線の両方が設置されます．この場合の柱の所有者は，柱の下部に取り付けられたプレートの位置を見ればわかり，例えば関東地方では，地面に近いプレートに記載されている企業がその柱の所有者となります（地域によって異なります）．

電気を供給するための引込線は支持物から各戸に至りますので，支持物はある程度の間隔で設置をする必要があります．電柱の設置間隔は，住宅などの負荷の密度にもよりますが，市街地では概ね 30 m 程度，その他では 40 m 程度となっています．

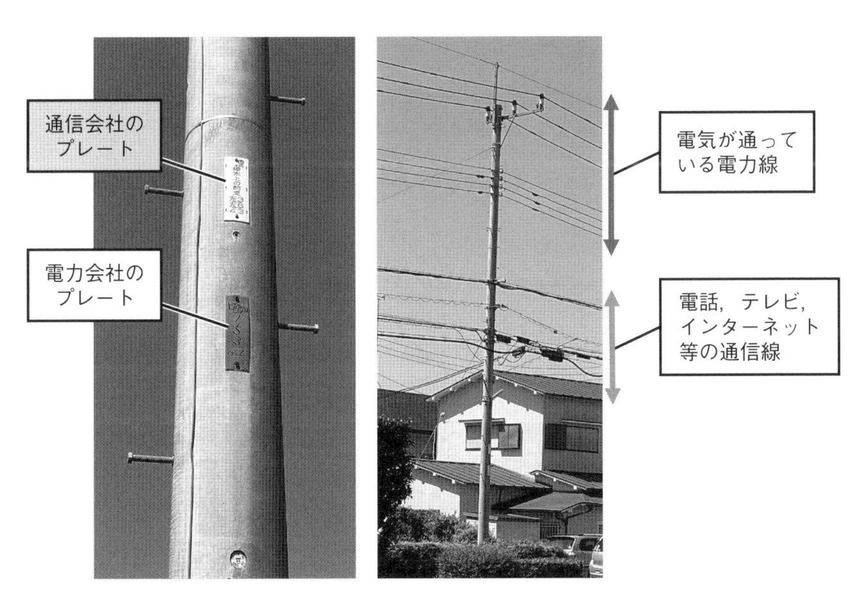

写真 6　共用柱における所有者のプレートの例（左）と電力線と通信線の位置（右）

(2) 現在主に使用されている支持物（鉄筋コンクリート柱）

以前は支持物として木柱が多く使用されていましたが，現在は，木柱のように腐ることがなく，長寿命で品質や価格が安定しているなどの理由から，主に鉄筋コンクリート柱が用いられています（**写真 7**）.

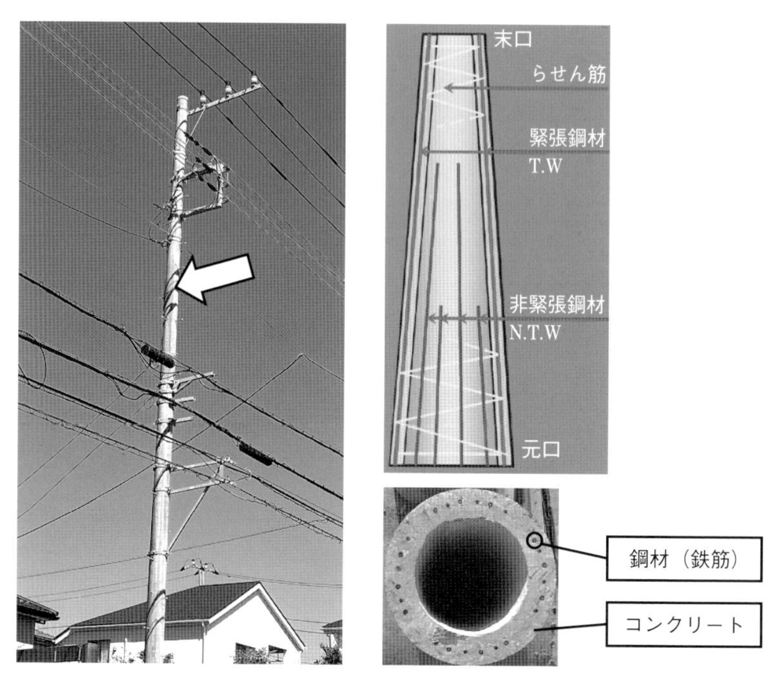

写真 7　鉄筋コンクリート柱の例と断面・構造
出典（右）：(一社)コンクリートパイル・ポール協会

鉄筋コンクリート柱は文字通り，鉄筋とコンクリートを組み合わせた断面が円環構造の支持物です．鉄筋は引張力に強く，圧縮力に弱いです．一方，コンクリートは引張力に弱く，圧縮力に強い材料です．このように，鉄筋コンクリートは各材料の長所と短所を組み合わせた支持物といえます．

上記により，台風時などの強風により電柱に一時的に大きな荷重がかかり，柱に若干ひび割れが生じても，その荷重が取り除かれると元の状態に戻るという特徴があります．

鉄筋コンクリート柱は，主に長さ 8～16 m 程度のものが使用されることが多く，電柱の頂部（「末口」といいます）の直径は約 190 mm で，頂部から底部

（「元口」といいます）に向けて徐々に太くなっており，そのテーパ（直径増加率）は1/75のものが一般的です．強度は，主なものとしては設計荷重350～1,500 kgのものがあり，架空配電設備の設計時には，電柱に加わる各種荷重を考慮して適切なものが選定されます．

(3) その他の支持物

鉄筋コンクリート柱の搬入や建柱作業が困難な狭隘道路や山岳部などに対しては，鋼板を継ぎ足した鋼管柱や，鉄筋コンクリート柱と鋼管柱を組み合わせた複合柱なども使用されています（**写真8**）．

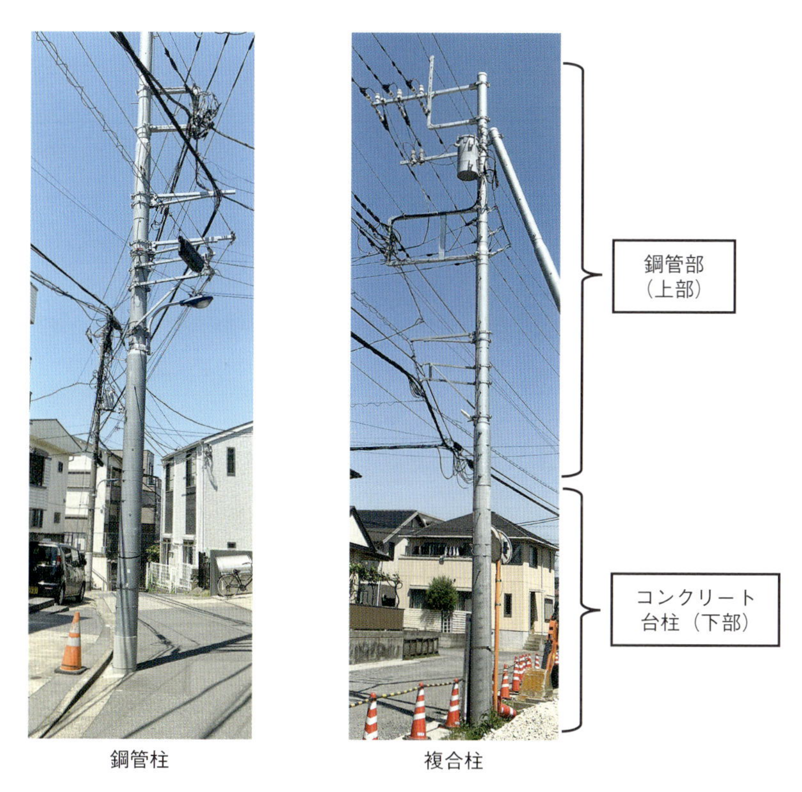

写真8　様々な種類の電柱の例

(4) 支線と支柱

支線や支柱は，支持物にかかる荷重を支える役割を担います．主に，配電線路の末端や，不平衡荷重がかかる箇所に設置された支持物に設置されます．

共用柱の場合は，通信線も設置されていますので，通信会社はその通信線の設置付近（電柱の中程）に支線を設置し，同様に電力会社は電柱上部に支線を設置します．支線や支柱の設置例を**写真 9** に示します．

写真9　支線や支柱の設置例

2. 金物類

電線やがいし，変圧器，支線等を支持物に設置，固定するために，腕金，バンド，アームタイなど，非常に多くの金物類が使用されます．使用する金物類により電柱に設置される電線などの形態（これを「装柱」といいます）が様々に変化します．主な金物類の例を**写真 10**，**11** に示します．また，様々な腕金や金物を用いた装柱や機材の設置例を**写真 12～20** に示します．

これらの例のように，架空配電設備の装柱には，写真 3～5 のような比較的シンプルなものから複雑なものまでバリエーションが非常に多く，さらに電力会社によっても様々です．

写真 10　様々なバンドの例

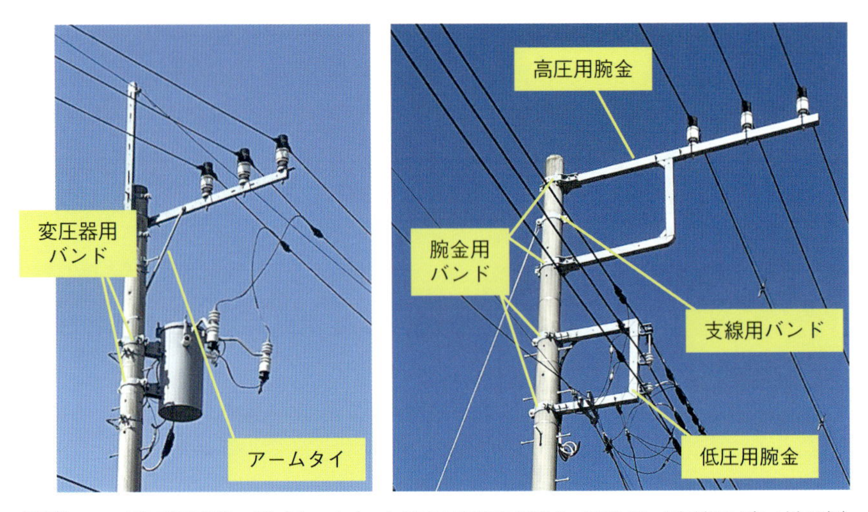

写真11　変圧器用バンド，アームタイ，高圧/低圧用腕金，腕金用／支線用バンドの例

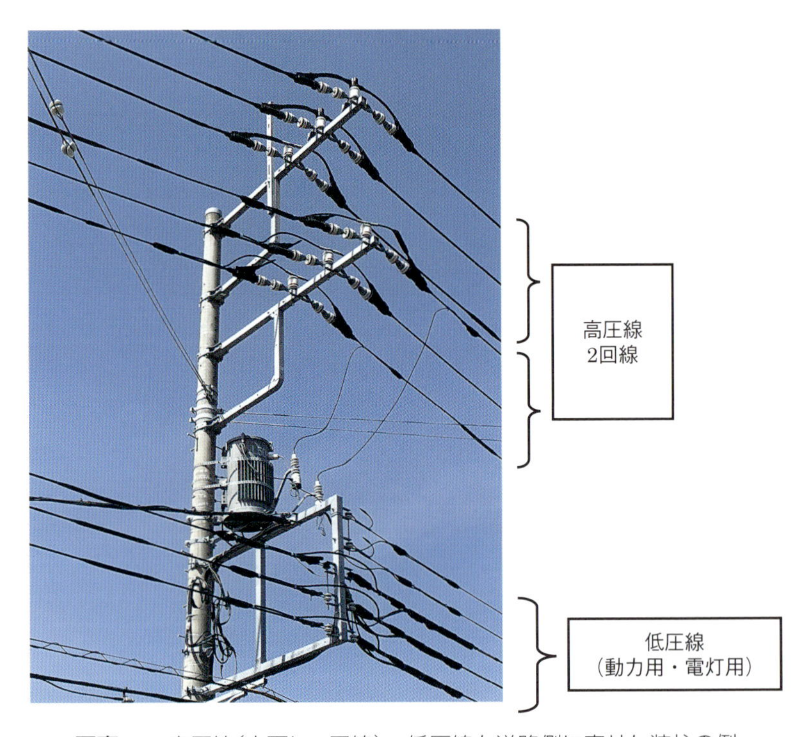

写真12　高圧線（上下に2回線），低圧線を道路側に寄せた装柱の例

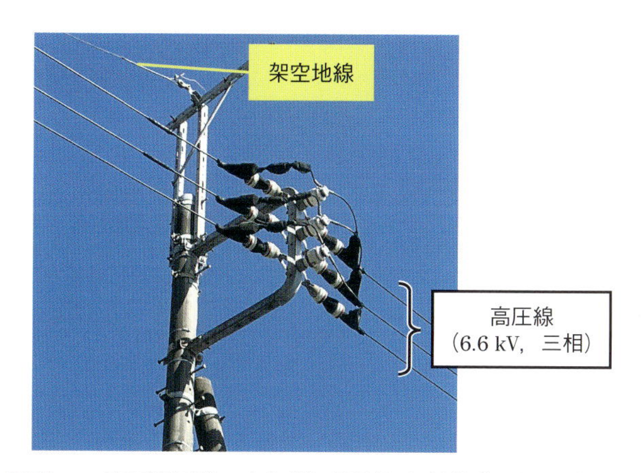

写真13　高圧配電線3本を縦に配列した装柱（垂直装柱）の例

写真14　高圧配電線を縦に配列し，架空ケーブルと接続した例

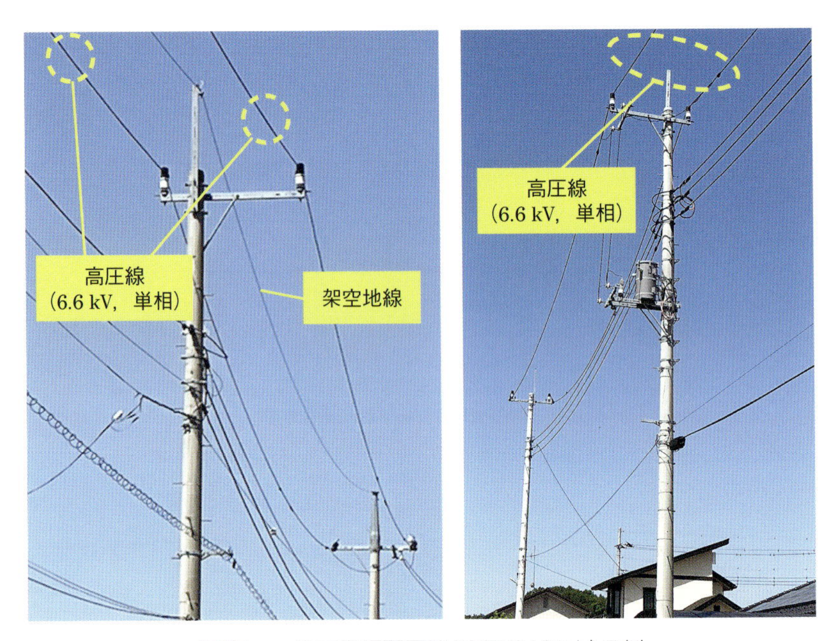

写真15　高圧単相配電線(高圧線が2本)の例

写真16　高圧配電線を上下に2回線設置し，下部に低圧線(動力用・電灯用)を設置した装柱の例

写真17　開閉器を設置した電柱の例（左：手動開閉器，右：自動開閉器）

写真18　高圧線の柱間分岐の例

写真19　高圧線の電柱からの分岐の例

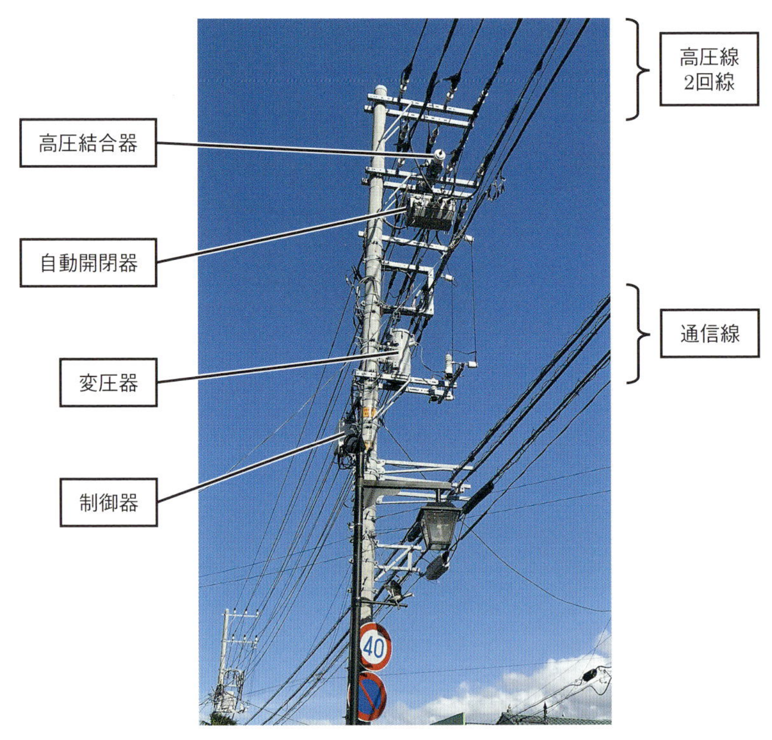

写真20　複雑な装柱の例（上部より，高圧線2回線，高圧結合器，自動開閉器，変圧器，制御器）

3. 絶縁電線・ケーブル

架空配電設備として使用する電線には，使用電圧（高圧，低圧）に応じた絶縁性能を有する絶縁電線またはケーブルが用いられます．

ここで，「絶縁電線」と「ケーブル」の違いについて簡単に説明します．絶縁電線とは，**写真 21**（上）に示すように，銅やアルミなどの電気を通す導体が絶縁体でおおわれているものを指します．一方，ケーブルは，写真 21（下）に示すように，絶縁電線のまわりをシース（ケーブルの最も外側の被覆）でおおい，絶縁体をさらに保護した電線です．

さらに，高圧用ケーブルの場合は，導体をおおう絶縁体とシースの間に「遮へい層」という接地された銅テープが巻かれています．これにより高圧用ケーブルのシース上は電位がゼロとなり，人が触れても感電しない構造になってい

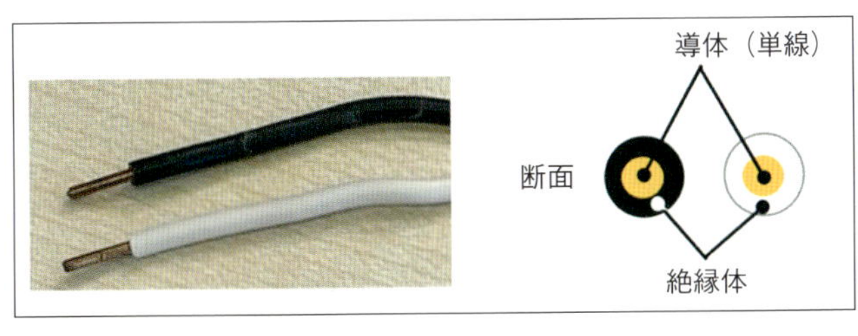

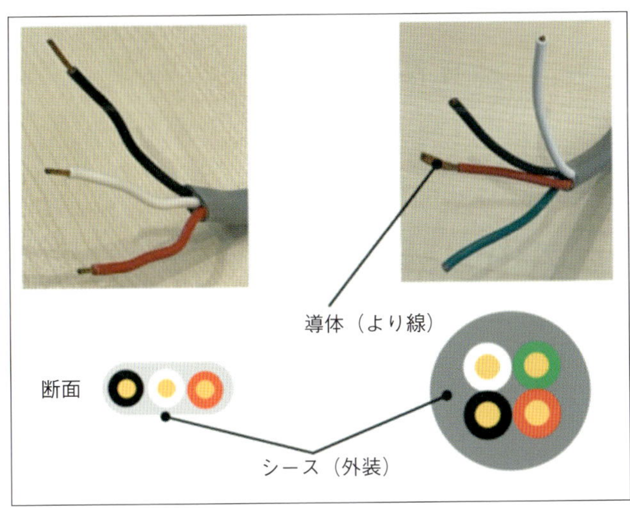

写真 21　一般的な絶縁電線（上）とケーブル（下）の例
出典：セイフル（株）

ます．

架空配電設備の場合は，高圧用，低圧用ともに絶縁電線の使用を基本としつつ，必要に応じてケーブルが使用されています．

絶縁電線の導体にはアルミや銅が使用され，絶縁体としては，架橋ポリエチレン，ポリエチレン，ビニルなどが使用されています．導体が 1 本のものを「単線」，複数の導体をより合わせた構造のものを「より線」といいます．代表

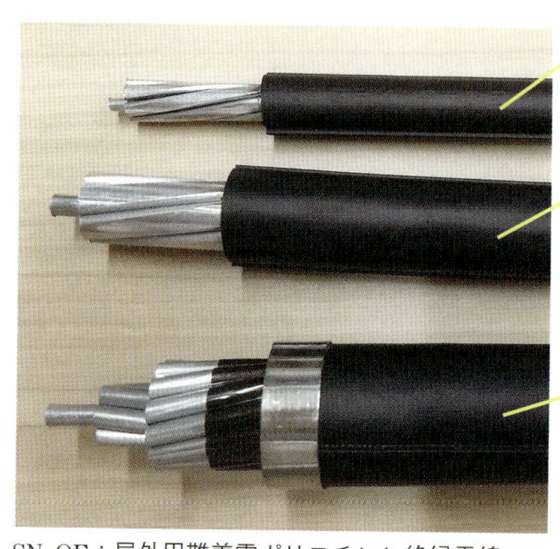

SN-OE：屋外用難着雪ポリエチレン絶縁電線
SN-OC：屋外用難着雪架橋ポリエチレン絶縁電線
ACSR：鋼心アルミより線
HAl：硬アルミより線導体

出典：西日本電線(株)（SN-OE ACSR 32mm²，120mm²）
(株)フジクラ（SN-OC HAl 240mm²）

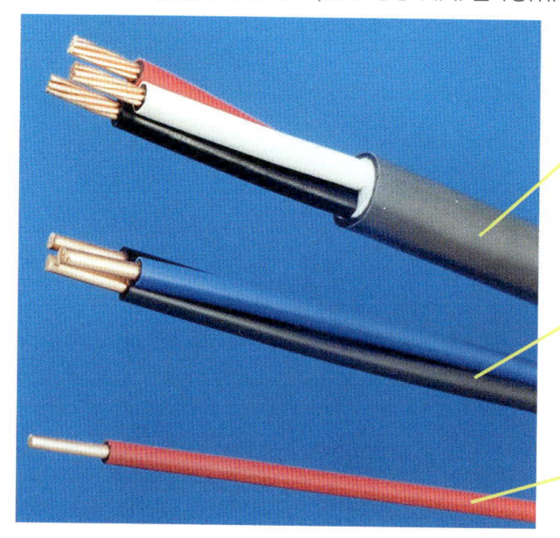

写真 22　架空配電設備として使用される電線の例
（上：高圧用絶縁電線，下：低圧用ケーブル・低圧用絶縁電線）
出典：(株)フジクラ

的な絶縁電線とケーブルの例を**写真 22** に示します.

後述する地中配電用ケーブルと，基本的な構造は同じものを架空配電線として使用する場合もあります．架空配電用高圧ケーブルは，導体には銅が使用され，絶縁体として架橋ポリエチレン，シースとしてビニルが使用されています.

ケーブルの場合は絶縁電線と異なり，各相のケーブル（計 3 本）を 1 つに束

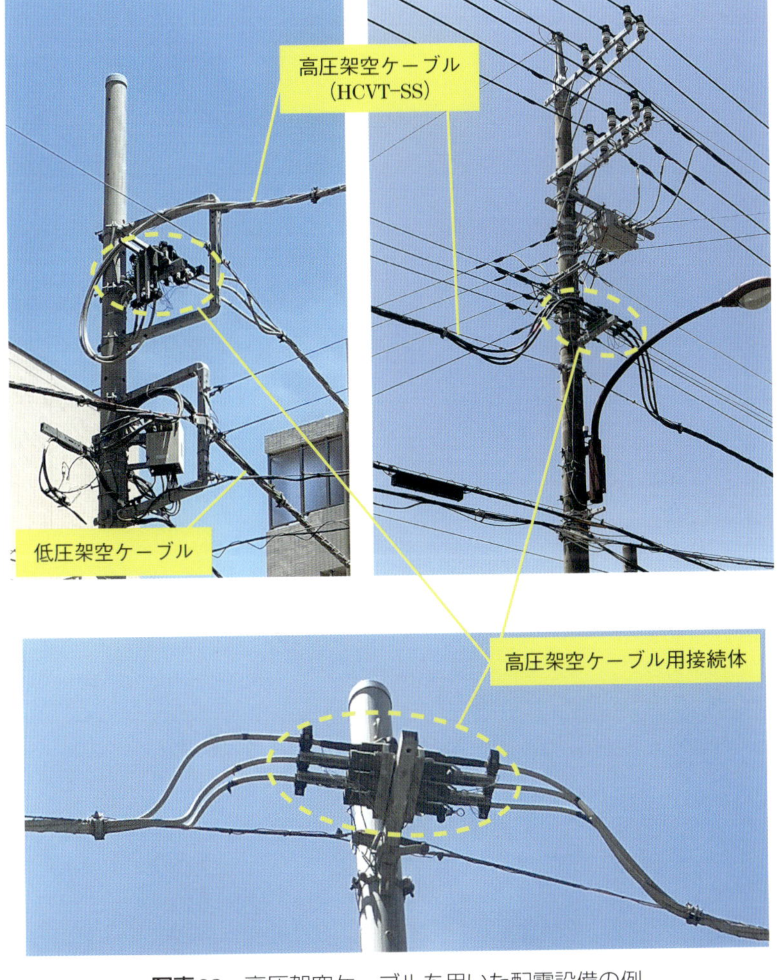

写真 23　高圧架空ケーブルを用いた配電設備の例
（接続体は電柱上部や中程に設置される）

ねることができますので，その分のスペースをとらないで済みます．また，架空配電線の近くに建物や樹木がある場合など，絶縁電線では定められた離隔距離の確保が難しい場合などに使用されます．ケーブルを用いた架空配電設備の例を**写真 23** に示します．

電線の種類や太さの選定に当たっては，負荷電流，電線の許容電流，電圧降下，短絡電流，機械的強度などを検討します．現在，電力会社で採用されている電線・ケーブルの一例を**表 1** に示します．

表1　電線・ケーブルの標準の一例

<table>
<tr><th rowspan="2">区分</th><th rowspan="2">電線種類</th><th colspan="3">電線太さ</th><th rowspan="2">適用区分</th></tr>
<tr><th>銅電線</th><th>アルミ電線</th><th>耐塩害アルミ電線</th></tr>
<tr><td rowspan="2">22 kV
配電線</td><td>HCVT–SS</td><td>200 mm²</td><td>—</td><td>—</td><td>大容量系統に使用</td></tr>
<tr><td>CVT–SS</td><td>100 mm²</td><td>—</td><td>—</td><td>一般に使用</td></tr>
<tr><td rowspan="4">高圧
配電線</td><td>SN–OC</td><td>—</td><td colspan="2">HAl 240 mm²</td><td>大容量系統幹線に使用</td></tr>
<tr><td>SN–OE</td><td>—</td><td>ACSR 120 mm²
ACSR 32 mm²</td><td>ACSR/AC 120 mm²
ACSR/AC 32 mm²</td><td>一般に使用</td></tr>
<tr><td>HCVT–SS</td><td>200 mm²</td><td>—</td><td>—</td><td rowspan="2">OC，OE 線では施設困難な場合に限定使用</td></tr>
<tr><td>CVT–SS</td><td>100 mm²</td><td>—</td><td>—</td></tr>
<tr><td>高圧
引込線</td><td>SN–OE</td><td>—</td><td>ACSR 120 mm²
ACSR 32 mm²</td><td>ACSR/AC 120 mm²
ACSR/AC 32 mm²</td><td>一般に使用</td></tr>
</table>

CVT–SS：トリプレックス形架橋ポリエチレン絶縁ビニルシースケーブル（自己支持形）
HCVT–SS：耐熱性トリプレックス形架橋ポリエチレン絶縁ビニルシースケーブル（自己支持形）
SN–OC：屋外用難着雪架橋ポリエチレン絶縁電線
SN–OE：屋外用難着雪ポリエチレン絶縁電線
HAl：硬アルミより線導体
ACSR：鋼心アルミより線，ACSR/AC：アルミ覆鋼心アルミより線

出典：東京電力パワーグリッド(株)

4．がいし

がいしは，電気が流れる絶縁電線を支えるとともに，その電線と支持物や腕金を絶縁するために使用されます．鉄筋コンクリート柱などの支持物や腕金などの金物類は，基本的に「接地体」（電気抵抗がほぼゼロの接地された導体）と

みなされます．すなわち，触れた瞬間に電気が抵抗ゼロオームに近い状態で流れるということを意味します．したがって，絶縁電線と支持物や腕金をしっかりと絶縁することは非常に重要であり，がいしはこの役割を担います．

絶縁電線に高圧用と低圧用があるように，がいしにも高圧用（**写真24，25**）と低圧用（**写真26**）があります．また，その用途として，高圧用も低圧用も「引通し」用，「引留め」用といった種類があります．

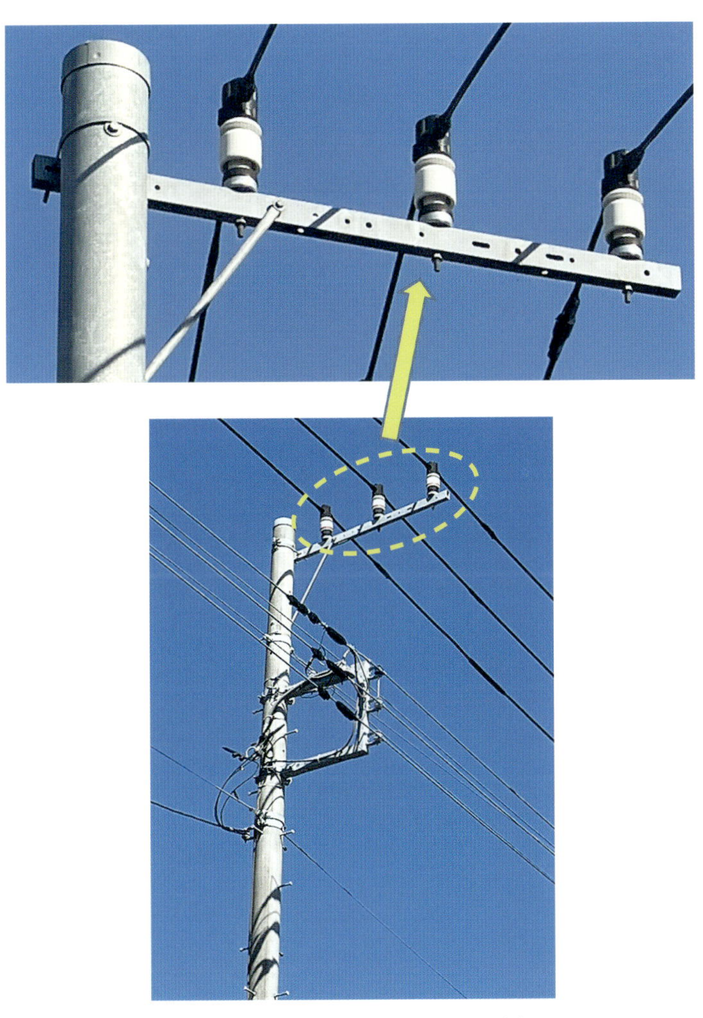

写真24　高圧引通し用がいしの例

写真25　高圧引留め用がいしの例（上：高圧耐張がいし（2個連），下：高圧中実耐張がいし）

写真26　低圧引通し用（上）と引留め用がいし（下）の例

5．柱上変圧器

電柱に設置される変圧器（柱上変圧器）の定格容量は，一般に単相変圧器（**写真 27**）で 5〜100 kVA 程度で，高圧（1 次側）6.6 kV を低圧（2 次側）100 V/200 V に降圧するために用いられます．具体的には，電灯負荷（100 V）と，小規模な工場やビル・農事用負荷等の動力負荷（200 V）に供給するために使用されます．電灯負荷には単相 2 線式または単相 3 線式，動力負荷には三相 3 線式による供給が一般的です．

動力負荷が比較的多い場所では，低圧配電系統を後述する三相 4 線式（電灯動力共用方式，電線は 4 本）として供給した方が電線の本数や柱上変圧器の数を減らすことができ，設備形成上有利となることがあります．一方，住宅地など多くが電灯負荷で，動力負荷が少ないエリアでは，単相 3 線式で供給し，動力負荷が発生した場合は，個別に三相 3 線式で供給する方式（電灯動力分離方式）にすることにより，変圧器や電線などの架空配電設備を最小限に抑えることができます．

写真27　柱上変圧器（単相50 kVA）の例（1次側から撮影）
出典：東京電力ホールディングス（株）電気の史料館

柱上変圧器の内部にタップがあるタップ付き変圧器の場合は，その柱上変圧器が設置される場所（配電用変電所からの距離）に応じて，一次側電圧を6,750 V，6,600 V，6,450 V，6,300 V などに設定することができます．これにより，その高圧配電系統の負荷パターンに基づく電圧変動に対応することができます．

(1) 単相負荷用変圧器

単相負荷に対しては，**写真 28** のように単相変圧器 1 台を使用して供給します．電気の流れとしては，高圧配電線から分岐した高圧引下げ線から後述する高圧カットアウトを経て変圧器 1 次側に至り，変圧器の 2 次側リード線と接続された低圧ケーブルから低圧本線に至ります（**写真 29**）．

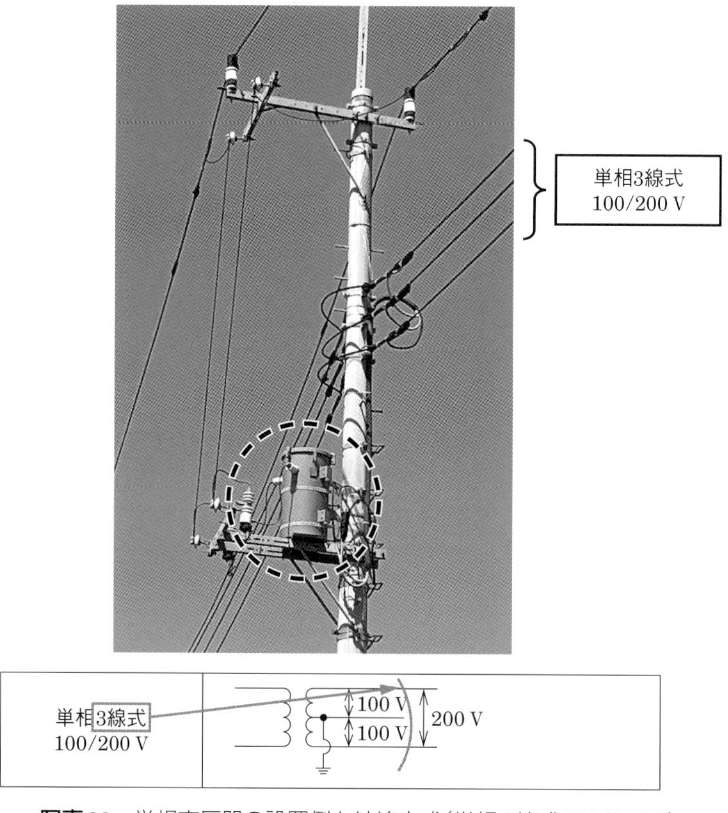

写真28　単相変圧器の設置例と結線方式(単相3線式100/200 V)

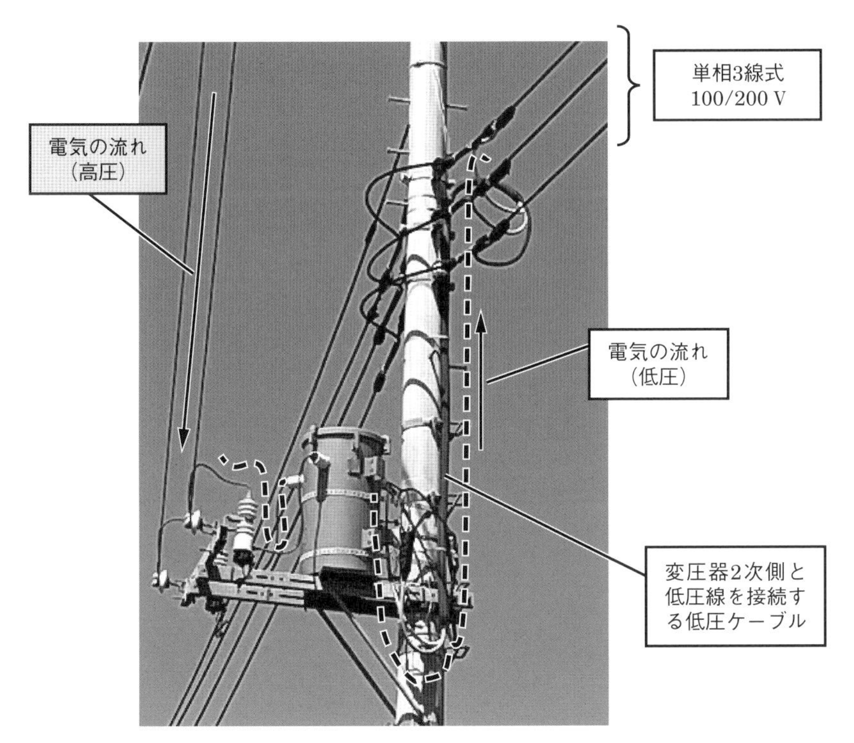

写真29　単相変圧器の2次側と低圧本線を接続する低圧ケーブル

(2) 三相負荷用変圧器

三相負荷に対しては，**写真30**のように同じ容量の単相変圧器2台をV結線として使用することが多いですが，**写真31**のように2台の単相変圧器を1つの縦長のタンク内に納めたスリムなタイプも使用されています．

また，前述のように単相負荷と三相負荷が混在する場合においては，容量が異なる単相変圧器2台を**写真32**のようにV結線とし，三相のうちの一相に，動力負荷に加えて単相負荷も接続できるよう，中性点を接地した異容量三相4線式（灯動共用方式）を採用することも多いです．

なお，柱上変圧器の電柱への設置方式は，写真28〜32を見てもわかるように，

・腕金を井桁状に組み合わせ，その上に変圧器を載せて捕縛バンドで電柱と固定する方式（写真28，29…「変台方式」）

・円形の金物を電柱に設置し，その上に変圧器を載せて捕縛バンドで電柱と

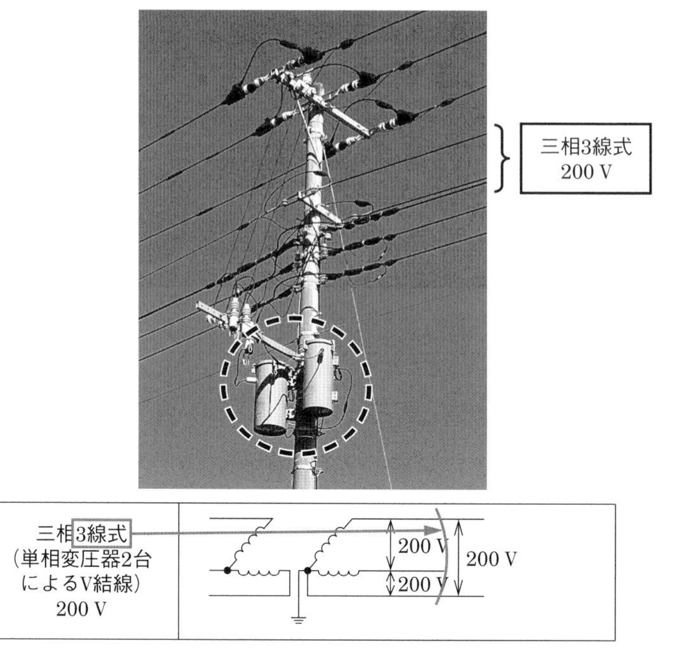

写真30　三相負荷用変圧器の設置例（同じ容量の単相変圧器2台をV結線）と結線方式

写真31　スリムなタイプの三相負荷用変圧器の例

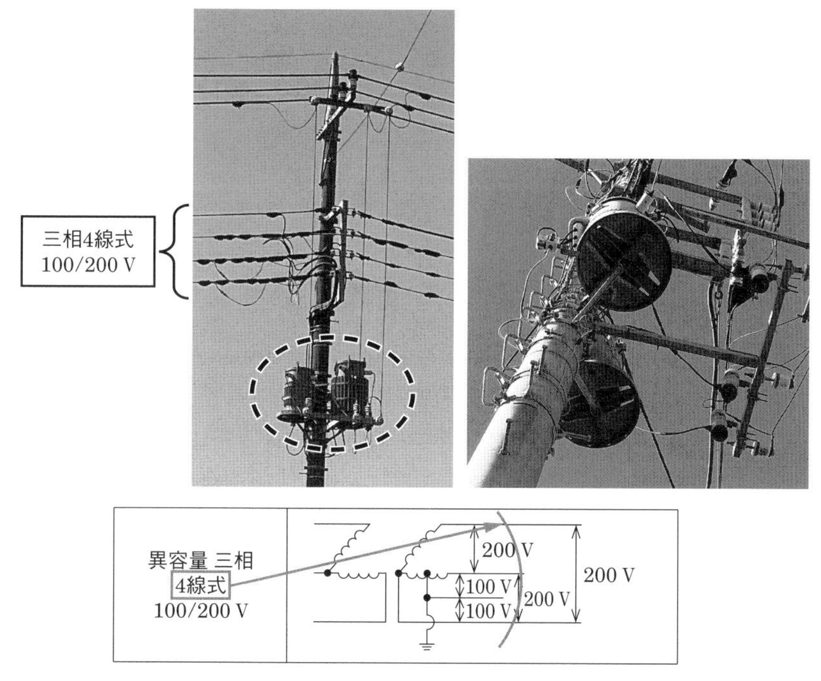

写真32　三相4線式変圧器の設置例(異なる容量の単相変圧器2台をV結線)と結線方式

固定する方式（写真 32）：設置工事時に変台を組み立てる手間が省ける

・電柱に変圧器固定用の金物を取り付け，その金具に変圧器を引っかけて設置する方式（写真 30，31…「ハンガー方式」）：上記の方式よりも空間的に必要なスペースが若干少なくて済む

などがあり，必ずしも画一的ではなく，その変圧器の設置時期や各電力会社によって様々なタイプが見られます．

6. 高圧カットアウト

高圧カットアウトは，その名称だけでは機能を想像しづらいですが，柱上変圧器の一次側に設置され，その変圧器の過負荷や短絡時の保護や，変圧器を高圧配電線から切り離すための開閉器として使用されます（**写真 33**）．定格電流は一般に 30 A です．

高圧カットアウトは，写真 33（右）のような高圧ヒューズを内蔵し，変圧器の過負荷または内部短絡故障の際は，そのヒューズが溶断して高圧配電線から

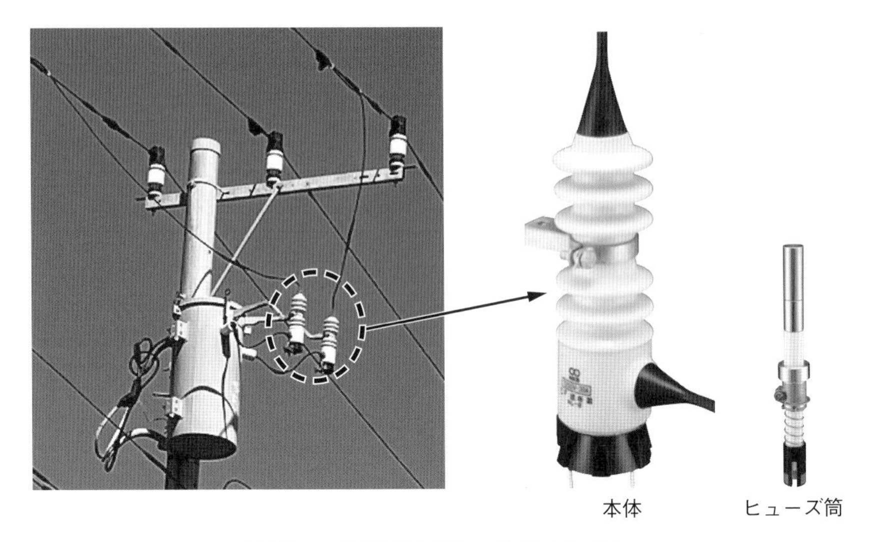

写真33　円筒形高圧カットアウトの例
出典（右）：日本高圧電気(株)

当該の故障変圧器を切り離します．遮断電流は一般的に1 kA程度です．当然のことですが，高圧ヒューズは負荷のモータなどの始動電流では溶断しないような特性になっています．

7．避雷器

配電用避雷器は，誘導雷を対象として設置されており，一般に放電電流2.5 kAの避雷器が使用されています．配電設備に使用される機器の絶縁レベルは，一般的に雷インパルス耐電圧試験電圧値で6号という基準で設計されていますが，雷害に対して完全な保護を行うことは困難です．そこで，避雷器を設置してそれらの機器を保護することになります．架空配電線の耐雷設計は，雷インパルス電圧で100 kV程度，サージ電流1 kA以下の誘導雷を対象としています．

写真34に配電用避雷器の設置例を示します．避雷器の設置位置としては，保護すべき機器類（変圧器，開閉器など）の直近や，高圧配電線の末端，絶縁電線とケーブルの接続点（ケーブルヘッドの設置柱）などがあげられます．電力会社によっては，避雷器を電柱に設置するのではなく，避雷器と同等の機能・特性を有する耐雷素子が，柱上変圧器や柱上開閉器に内蔵されたものを使用しています（**写真35**）．

写真34　配電用避雷器の設置例（絶縁電線とケーブルの接続点）

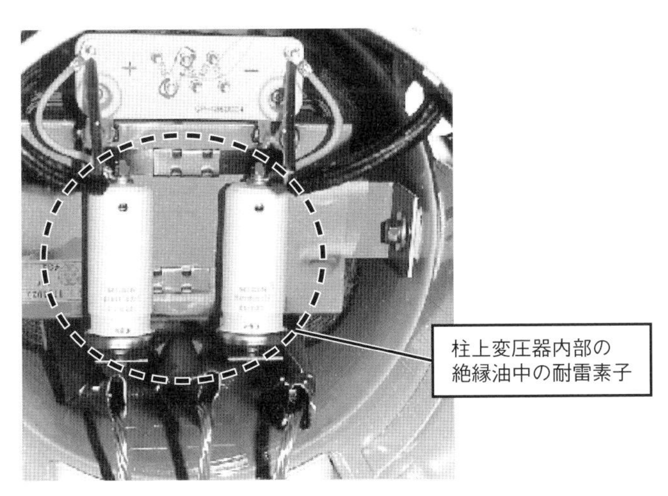

写真35　耐雷素子内蔵柱上変圧器の例
出典：（株）明電舎

8. 柱上開閉器

柱上開閉器（**写真 36**）は，架空配電線の工事や作業時に，その範囲を区分するため，また，配電線の停電時に，停電区間を切り離すために使用されます．

ここでいう開閉器とは，負荷電流（数百 A 程度）の入・切ができるスイッチ（負荷開閉器）のことであって，配電用変電所に設置されている遮断器のように，短絡電流などの大きな事故電流（数 kA 以上）を遮断することはできないことに留意してください．

柱上開閉器は，機能で分類すると，作業者が現地に行って電柱に昇り，手動で入・切操作を行う「手動開閉器」と，制御装置と組み合わせて電力会社の事業所から入・切の操作信号を送り，リモートで操作を行える配電自動化（後述）のために使用する「自動開閉器」があります．

一方，開閉器の操作時に発生するアークを消弧するための媒体で分類すると，気中開閉器（**写真 37**），真空開閉器，ガス開閉器などが使用されています．

また，施設箇所により分類すると，高圧配電線路の途中の幹線区間を区分するポイントに施設される「幹線開閉器」（この開閉器は，通常は「入」（＝閉路）），幹線区間の連系箇所に施設される「連系開閉器」（この開閉器は，通常は「切」（＝開路））があります．この幹線開閉器と連系開閉器については，「**2 部 配電系統とは？**」で詳しく説明します．

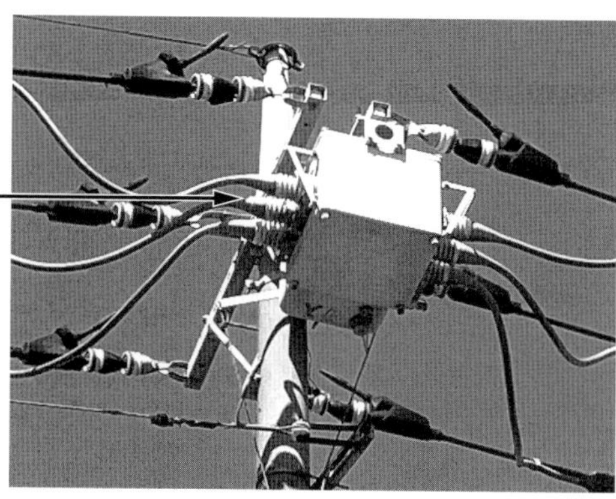

写真 36　柱上開閉器の設置例

写真37　手動気中開閉器の例
出典：東京電力ホールディングス（株）電気の史料館

電力会社では，配電線路の停電時に，健全区間については自動復旧をするため，後述する配電自動化システムとそのための自動開閉器と子局を現地に設置しており，上記の幹線開閉器と連系開閉器は自動開閉器にすることが一般的です．したがって，自動開閉器の設置場所，高圧配電線路のルート選定などは停電時間短縮のために非常に重要な要素となります．

9．引込線

引込線は，高圧線や低圧線から分岐して需要家に電気を送るための電線であり，高圧引込線と低圧引込線の2種類があります．

(1) 高圧引込線

6.6 kVによる高圧電力の供給は，三相3線式で，1需要場所1回線による供給を基本として，**図2**のような設備形態で行われます．すなわち，高圧需要家へは三相3線式で引き込まれ（電力会社の電柱から引込柱まで3 m以上の距離を確保），需要家の区分開閉器（地絡保護装置付き高圧交流負荷開閉器）を介して供給されます．

需要家の区分開閉器は，需要家構内の設備における電気事故が電力会社の配電系統へ影響を及ぼさないよう（波及事故にならないよう），当該事故の除去を目的として設置されます．現在，架空配電線の場合は，地絡保護装置付き高圧交流負荷開閉器（GR付きPAS：Ground Relay付きPole Air Switch），地中配電線の場合は，UGS（Underground Gas insulated Switch）を設置するこ

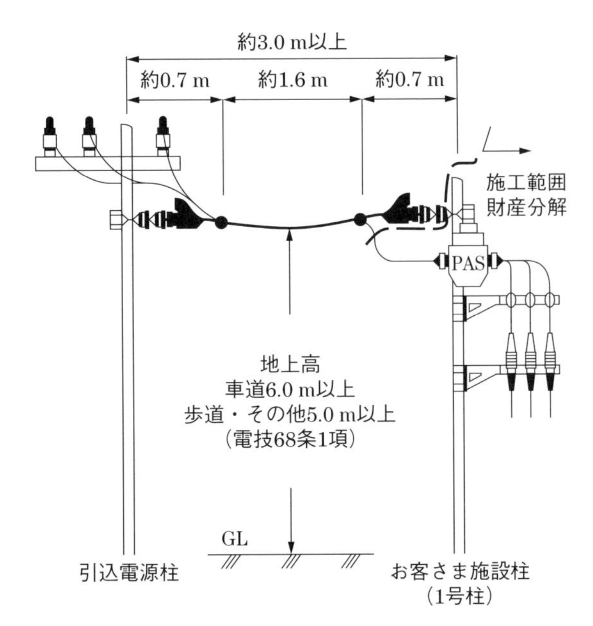

図2　高圧需要家への架空配電線による供給イメージ
出典：東京電力パワーグリッド(株)

とが一般的となっています．

実際の高圧引込線の例を**写真38**に示します．

(2) 低圧引込線

低圧引込線も，基本的には絶縁電線を使用し，引込柱となる電力会社の電柱から需要家の受電点まで直接引込線を設置するケースが一般的です．

低圧引込線の過負荷や短絡保護のために，**写真39**のように，低圧電線からの分岐部には引込線用ヒューズを設置します（ただし，中性線との接続部には設置しません）．ヒューズは完全密閉構造で，低圧引込線の保護を行うとともに，変圧器1次側の高圧ヒューズとの動作協調がとれていること，負荷のモータ始動電流に対して動作しないこと，非放出形なのでヒューズ動作時の安全性が確保されていること等の特徴があります．

現場の状況によっては，第三者の敷地上空の通過を回避するために，電柱間に鋼より線を設置し，電柱と電柱の間の柱間部分から引込線を分岐させる場合

写真38　高圧需要家への高圧架空引込線の例

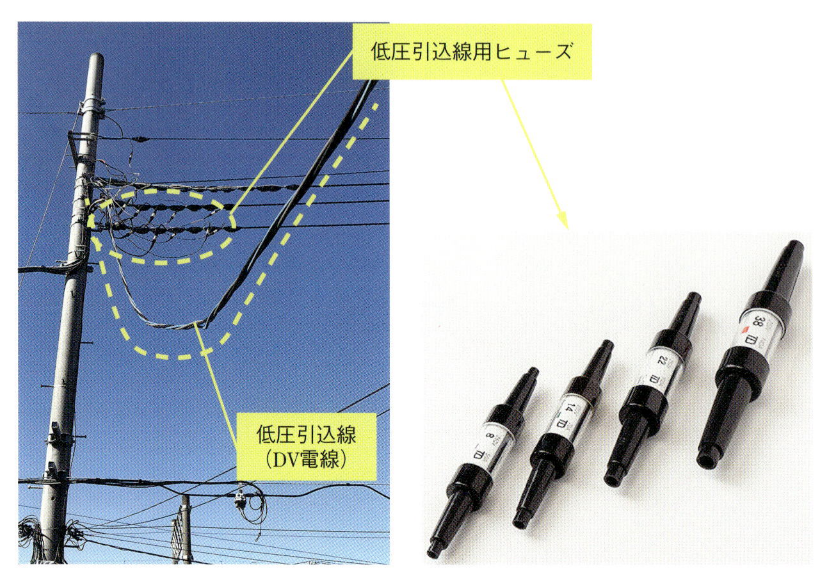

写真39　低圧引込線の設置例と低圧引込線用ヒューズ
出典（右）：(株)富田電機製作所

や，低圧ケーブルによって供給する場合もあります（**写真40**）．また，NTTのコンクリート小柱の上部に腕金を接ぎ木のように設置し，その上部に引込線を設置する場合もあります（**写真41**）．

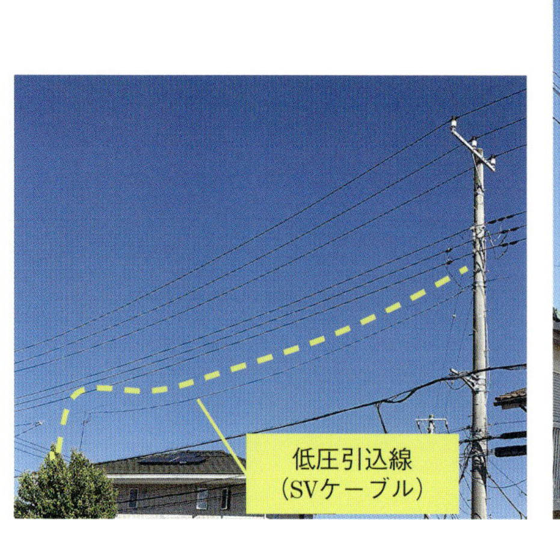

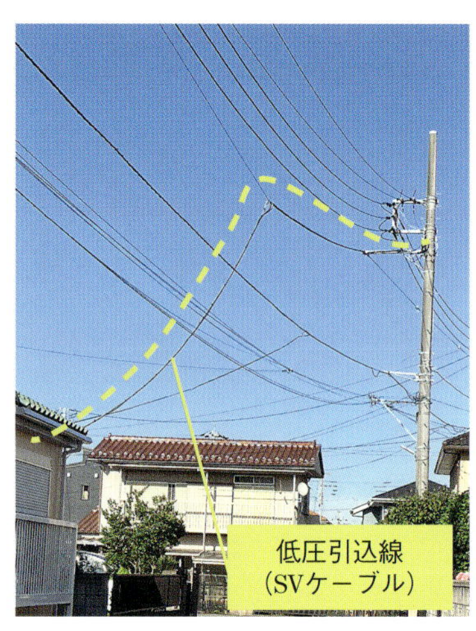

写真40　柱間分岐による低圧引込線の設置例

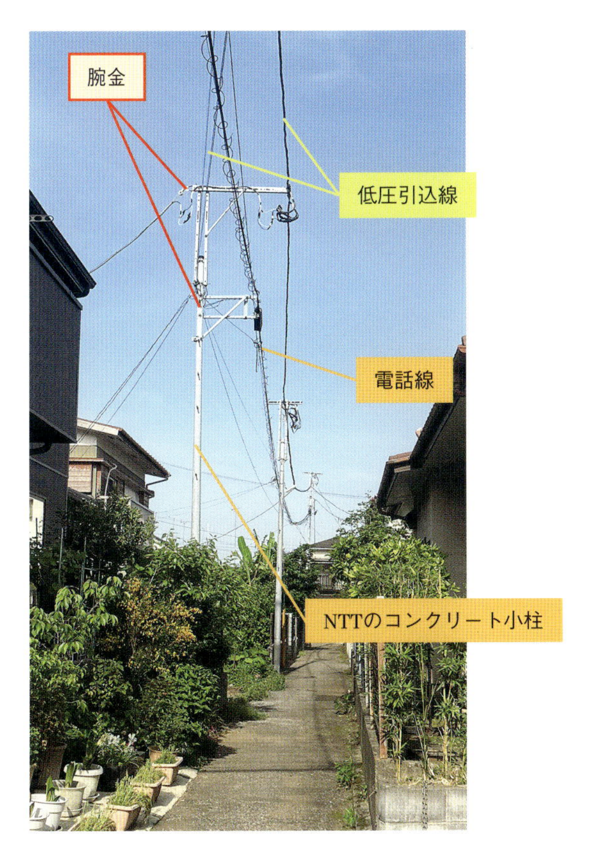

写真41　NTTのコンクリート小柱の上部に腕金を取り付けて設置した低圧引込線の例

10. 電力量計（電力メーター）他

電気の使用場所における使用量を計測する機器として，需要家に電力量計が設置されます．電力量計は電力会社の資産なので，電力会社が設置・管理をしています．

写真42に電力量計の設置例（電灯用・動力用）を示します．いずれも現在ほとんどの需要家に設置された，いわゆるスマートメーター（電子式電力量計）です．

以前に使用されていた誘導形電力量計（機械式電力量計）は，電磁誘導の原理を利用し，電流と電圧の大きさに応じて電力量計内の円板を回転させ（アラ

写真42　電力量計の設置例（電灯用・動力用）

ゴの円板の原理），その回転量により電力を積算して電力量を表示するものでした．この積算値を電力会社の検針員が毎月読み取り，前月の読取値との差分を用いて電力料金が計算されます．誘導形電力量計の構成部材は，計量装置，電圧素子，電流素子，回転円板，回転軸，軸受，制動装置などで，これらは高強度のガラスカバー内に収納されていました．

一方，スマートメーター（電子式電力量計）は，メーター内部の電流センサ・電圧センサから得られたデータから，文字通り電子回路によって電力量を演算し，演算結果を液晶表示するものです．また，その電力量などのデータを無線または有線で電力会社の事業所へ送信することができますので，検針員が毎月読み取りのために各需要家に出向する必要がありません．誘導形電力量計と比べて多くの機能を有しており，特に昨今設置が進んだスマートメーターによって得られるデータについては，様々な用途が検討されています．

低電圧・低電流の負荷を有する需要家については，上記の電力量計を設置するだけで計量面の問題はありませんが，契約電力が大きい低圧需要家や，高圧需要家については，大電流・高電圧を計測する必要がありますので，一工夫必要になります．

すなわち，既存の電力量計を利用して高電圧・大電流を計測しようとすると，絶縁距離の確保や導体が太くなることなどにより電力量計が大型化し，設置場所の確保が難しくなってしまいます．そこで，契約電力の大きな低圧需要家（例えば，電灯では，契約容量が 25 kVA 以上など）については，変流器（CT：Current Transformer，**写真 43**）と呼ばれる電流の大きさを変換する装

写真43　低圧需要家用変流器の設置例

置で低電流にして，上記の電力量計への入力としています．

一方，高圧需要家については，高電圧は計器用変圧器（VT）で低電圧に変換し，大電流は変流器（CT）で低電流に変換して電力量計への入力とします．この計器用変圧器と変流器を総称して「計器用変成器（VCT）」といい，電力会社の設備として，高圧需要家の受電設備内などに設置されています（**写真44**）．

都心部に多い地中配電設備

1．地中配電設備の概要

地中配電設備は，電力を需要家に供給するという機能から見れば架空配電設備と同じです．簡単にいえば，電柱や絶縁電線を使って電気を送るか，地面の下にケーブルを埋設して電気を送るかの違いです．地中配電設備の場合は，電柱上の絶縁電線や柱上変圧器の代わりに地下にケーブル，歩道上に地中配電用の変圧器や開閉器等の機器を設置します．

図3に，架空配電設備と地中配電設備の対比イメージを示します．

写真44　高圧需要家の受電設備内に設置された計器用変成器（VCT）の例

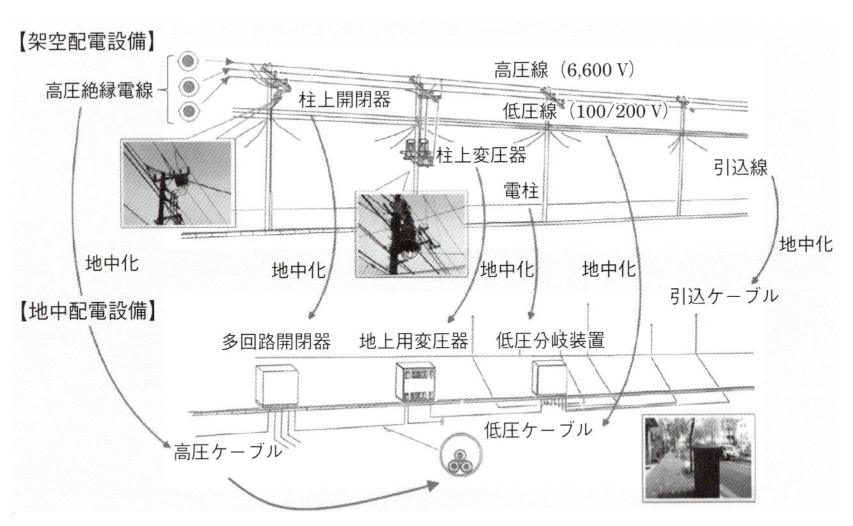

図3　架空配電設備と地中配電設備の対比イメージ
出典：東京電力パワーグリッド（株）

日本では，1960 年代頃から電力の需要密度が非常に高い都心部などで地中化が進められてきました（**図 4**）．これは，電力需要密度が高いエリアでは，架空配電設備を用いると大量の電線・機器類が必要となり，電柱に設置すること

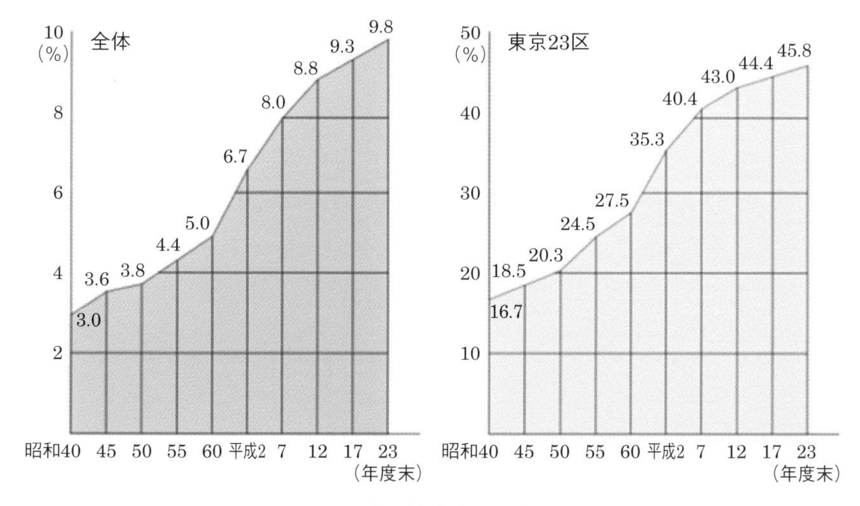

図4　配電線の地中化率の推移の例
出典：東京電力パワーグリッド(株)

が難しくなること，防災上ならびに景観上の観点からも好ましくないこと，メンテナンスも困難化することなどがその理由としてあげられます．

地中配電設備は，その設置環境からも想像できるように，風雨や氷雪などの気象条件，地上の建造物や樹木などの影響を受けにくく，その点からは供給信頼度が高いといえます．一方，架空配電設備に比べて工事費が 10〜20 倍程度と高価であり，設備事故が起きると架空配電設備に比べて復旧に時間を要します．

図 5 に高圧地中配電系統の構成例を示します．

配電用変電所からの高圧フィーダは，まず図中の多回路開閉器に入り，この中でいくつかの高圧配電線に分割されます．分割された各高圧配電線は，隣接した地上用変圧器の 1 次側に入り，その電源となるほか，他の配電用変電所からの高圧フィーダが入る多回路開閉器に入り，異なる高圧地中配電系統との連系点となります．これにより，高圧架空配電系統と同様に，高圧配電線の停電時に速やかに事故区間を切り離し，健全区間への迅速な供給を可能とする配電系統を構成することができます．

また，高圧需要家へは図中の供給用配電箱（高圧キャビネット）から，低圧需要家へは地上用変圧器・低圧分岐装置から電力供給されています．

写真 45 に配電線地中化前後の通りの様子の変化を示します．

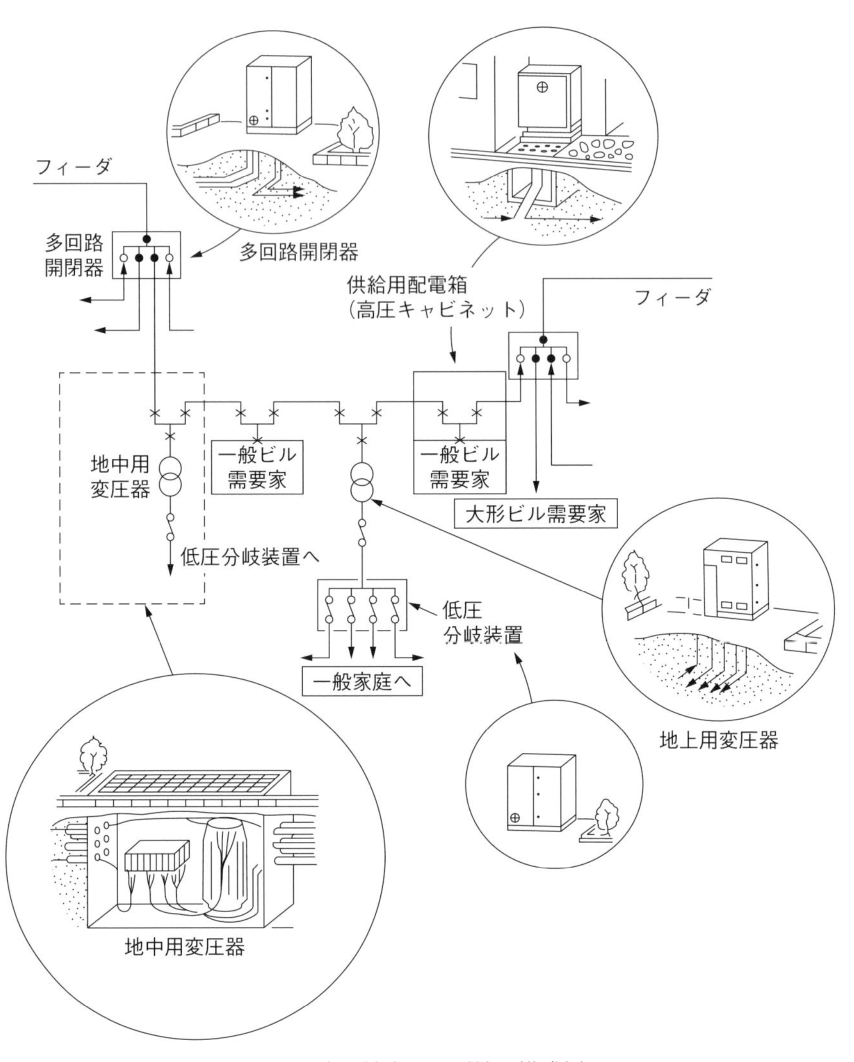

図5　高圧地中配電系統の構成例
出典：(一社)電気学会 編：電気工学ハンドブック（第7版），オーム社，2013

現在，電線類の地中化（無電柱化）は，関係省庁と電気事業者，通信事業者などの電線管理者で構成される「無電柱化推進検討会議」により策定される地中化計画（無電柱化推進計画）にそって進められています．

無電柱化は，国や地方自治体が進める快適な生活環境の構築と，活力ある市街地の形成に寄与するものとして，歩道の幅が広い幹線道路に加え，安全で快

写真45　地中化のビフォーアフターの例
出典：関東地方整備局ホームページ
https://www.ktr.mlit.go.jp/road/shihon/road_shihon00000109.html

適な通行空間の確保，良好な景観・住環境の形成，災害の防止，歴史的街なみの保全，観光振興，地域活性化などにつながるような箇所も対象となっています．

上記のような地域の無電柱化を可能とするために，歩道が狭くて機器を設置するスペースの確保が難しい場合には，街路灯に変圧器を取り付けるなど（**写**

真 46)，柔軟な設置方法（「ソフト地中化」と呼ばれます）を取り入れ，電線類の地中化が進められています．

右と同じエリアにおける架空配電設備

写真46　街路灯に変圧器を設置した地中化(ソフト地中化)の例

以下に，主な地中配電設備（機材）について説明します．

2. 高圧ケーブル

高圧ケーブルとしては，現在は主に CVT ケーブルが使用されています（**写真 47**）．6 kV CVT ケーブルは，導体として銅，絶縁体に架橋ポリエチレン，シースに塩化ビニルを使用しています．以前に使用されていた油浸ケーブルなどと比較すると軽量で，取り扱いが容易なので作業性が良く，また，耐熱性に優れているため許容温度の向上が可能となり，その結果として，流せる電流（ケーブルの容量）も大きくすることができます．

以前は，高圧 CVT ケーブルの設置後，絶縁体の水トリー進展による絶縁破壊現象が発生し，これによる地絡事故が散見されました．その後，製造方法の見直しなどにより品質向上が図られ，水トリーによる高圧 CVT ケーブルの絶縁破壊事故は大幅に減少しています．

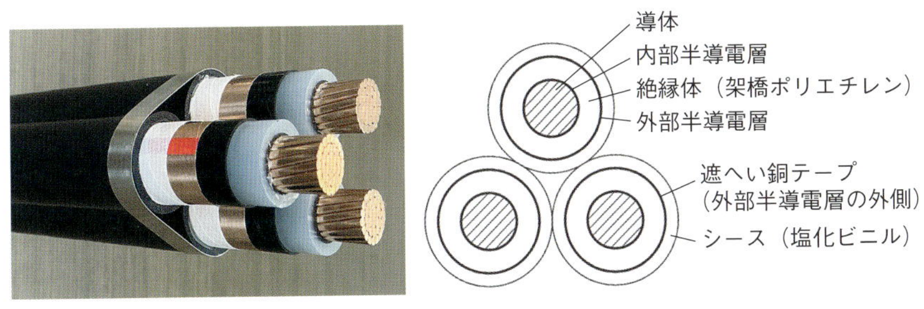

写真 47　6 kV CVT ケーブルの外観と断面図
出典：(株)フジクラ・ダイヤケーブル

3. 高圧ケーブル接続部

高圧ケーブルの接続部には，中間接続部と終端接続部があります．中間接続部は，ケーブルを相互に接続するために用いられ，2 本の高圧ケーブルを接続するための直線接続部（**図 6**）や，3 本以上の高圧ケーブルを接続するための分岐接続部があります．

CVT ケーブルの直線接続では，絶縁筒やストレスコーンのプレハブ化やテープによる防水処理を行う差込型直線接続部が主に使用されています．

一方，高圧ケーブルの終端接続部は，ケーブルを架空配電用の絶縁電線や機器類に接続する際に用いられます．現在は，CVT 用としてゴムモールドや碍管

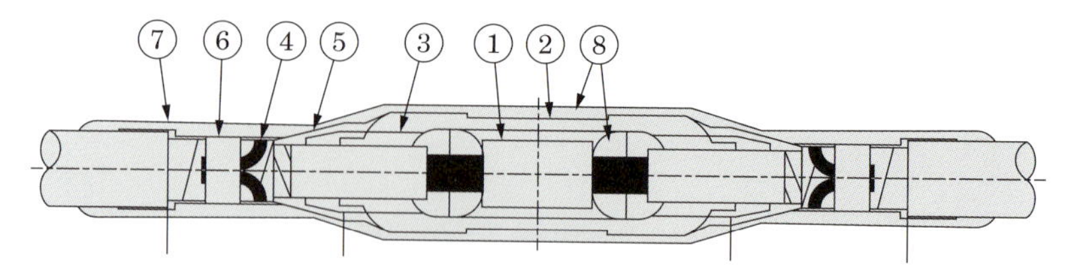

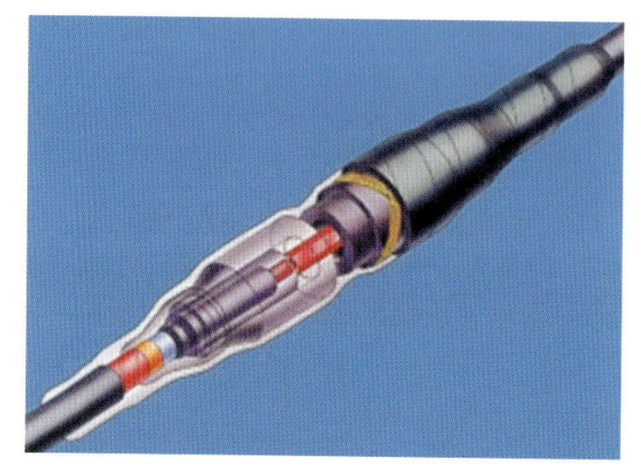

① 圧縮型導体接続管
② 絶縁筒
③ スペーサー
④ 平編組銅線
⑤ 半導電性融着テープ（Cテープ）
⑥ 接地用スプリング
⑦ 防水テープ（バルコテープ）
⑧ 絶縁テープ（エフコテープ2号）

図6　高圧ケーブル直線接続部の一例(断面図と外観)
出典：古河電工パワーシステムズ(株)

を使用した差込型屋外終端接続部が使用されています．

写真48に，一般地区で使用されているゴムモールドを用いたタイプ，**写真49**に塩害地区で使用されている碍管を使用したタイプの例を示します．

4. 低圧ケーブル

低圧ケーブルとしては，現在は主にCVTケーブル（3本より，**写真50**）やCVQケーブル（4本より）が使用されています．これらの低圧ケーブルは，導体として銅，絶縁体として架橋ポリエチレン，シースに塩化ビニルを使用しています．

5. 多回路開閉器

図5に示したように，配電用変電所から引き出された高圧ケーブルは，多回路開閉器（**写真51**）の第1回路（5回路ある中の一番左）に入り，この機器内でいくつかの回路に分割されます（写真51では4回路）．分割された各高圧配電線は，この多回路開閉器から出て近傍の供給用配電箱（高圧キャビネット）や地上用変圧器の1次側に入るほか，他の多回路開閉器に入って他の高圧配電系統との連系点（常時「開」）をつくり，配電線事故時等における配電系統の切

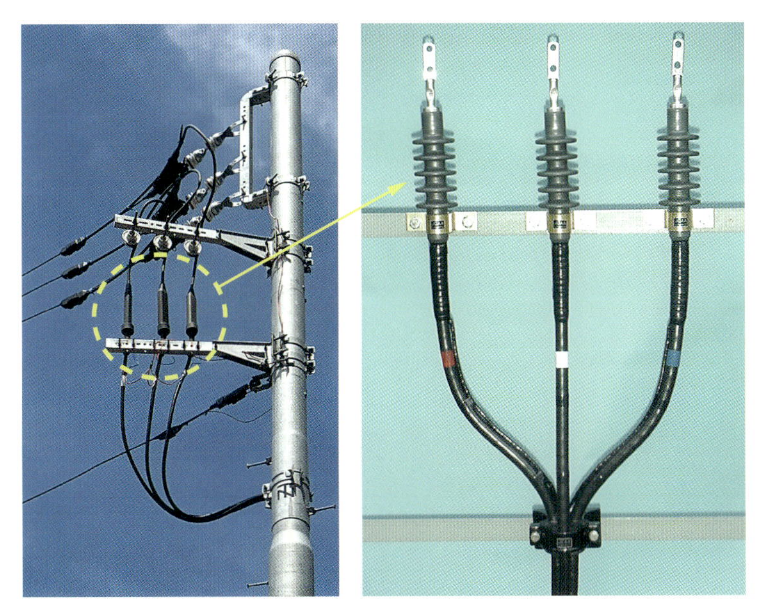

写真48　高圧ケーブル終端接続部（ゴムモールド）の一例（設置状況と外観）
出典（右）：古河電工パワーシステムズ（株）

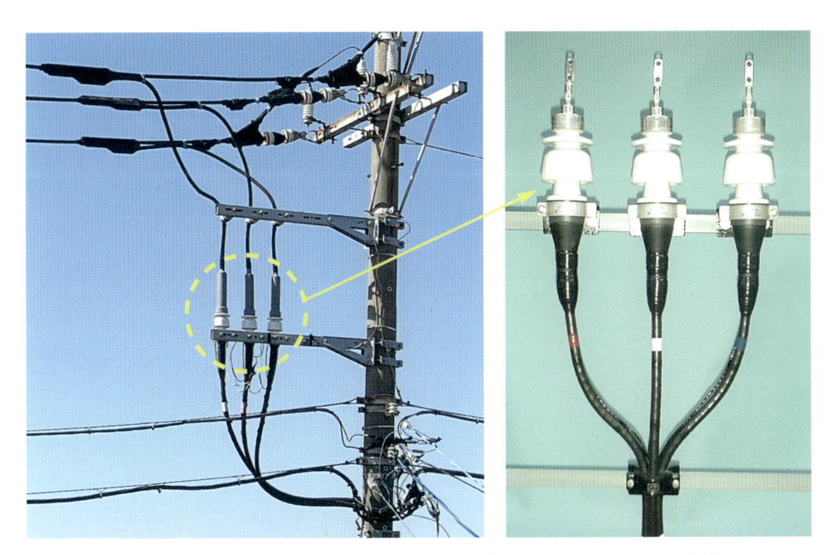

写真49　高圧ケーブル終端接続部（碍管）の一例（設置状況と外観）
出典（右）：古河電工パワーシステムズ（株）

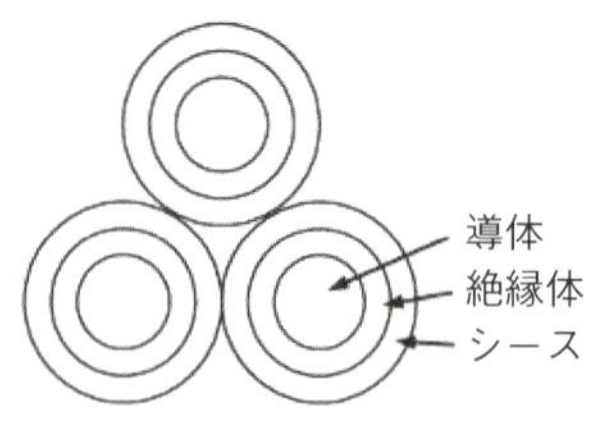

写真50　低圧CVTケーブルの一例(外観と断面図)
出典：(株)フジクラ・ダイヤケーブル

写真51　多回路開閉器の外観と前扉を開いた状況
出典（右）：東京電力パワーグリッド(株)

り替えなどで重要な役割を担います．

多回路開閉器には，柱上開閉器と同様に，電力会社の事業所から遠隔で各回路の開閉器の入・切操作が可能な自動多回路開閉器と，作業者による現地での操作のみが可能な手動多回路開閉器があります．最近では，架空配電線用の柱上開閉器と同様に，各種センサが内蔵された自動多回路開閉器も実用化されています．

6. 地上用変圧器

文字通り，歩道などの地上に設置する変圧器で，柱上変圧器と同じように，高圧（1次側）6.6 kVを低圧（2次側）100 V/200 Vに降圧するために用いられる機器です（**写真52**）．定格容量は，30＋80 kVA，50＋125 kVA（異容量V

結線）などがありますが，電力会社によってその寸法や容量，ケースの色などは様々です．

内部には高圧ケーブル，高圧開閉器，油入変圧器，低圧ケーブル，高低圧用保護装置などが配置されています．

写真52　地上用変圧器の外観と前扉を開いた状況
出典（右）：東京電力パワーグリッド(株)

7．供給用配電箱（高圧キャビネット）

高圧受電の自家用需要家構内に設置される機器です．内部には高圧用開閉器，あるいは断路器が設置されており，第 1，第 2 回路（**写真 53** の右の写真における点線囲みの部分）が電力会社の設備，第 3 回路（写真の一番右側の★部分）の開閉器より負荷側（開閉器を含む）が自家用需要家の設備になります．すなわち，この供給用配電箱という機器の中に，電力会社の設備と自家用需要家の設備が共存していることになります．

8．低圧分岐装置

「**6．地上用変圧器**」で述べた地上用変圧器の低圧側（2 次側）から引き出された低圧ケーブルは，低圧幹線ケーブルとして低圧分岐装置（**写真 54**）に入り，この中で低圧需要家に電力供給するためのいくつかの引込ケーブルに分割されます．

各々の引込ケーブルには，架空引込線と同様に，過負荷や短絡保護のための

写真53　供給用配電箱の外観と前扉を開いた状況
出典（右）：東京電力パワーグリッド(株)

写真54　低圧分岐装置の外観と前扉を開いた状況
出典（右）：東京電力パワーグリッド(株)

限流ヒューズが接続されます．

各低圧引込ケーブルは，低圧分岐装置から出た後，地中を経て各需要家に設置された電力量計に至ります．

配電系統とは？

2部

配電系統は配電設備の集合体

現代社会において，電力は必要不可欠なインフラの 1 つであり，私たちの日々の暮らしを支えています．電力の供給は，電力系統という非常に大きなシステムによって行われており，その中で配電系統は最終的に電気を需要家に届ける役割を担っています．

電力系統は，大規模発電所でつくられた電気を，流通設備（送電・変電・配電）を通じて需要家に供給することを前提に運用されてきました．**図 1** に示すように，電圧は変電所において段階的に下げられ，6.6 kV 高圧配電系統や 22 kV 特別高圧配電系統を経て，最終的に 100 V，200 V に降圧され，その低圧系統から一般家庭などに供給されます．

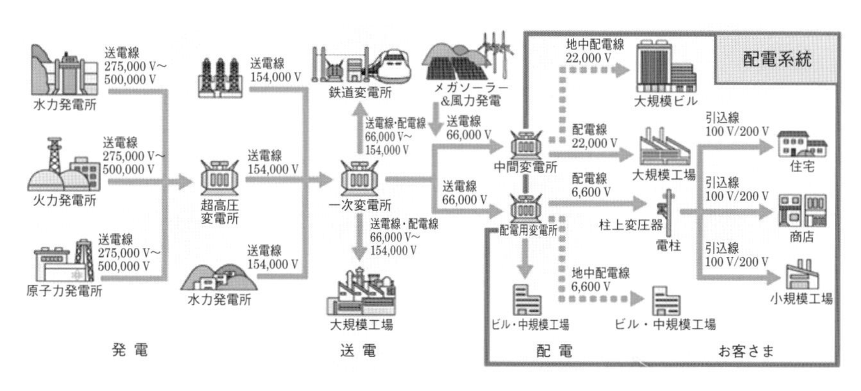

図 1　電力系統における配電系統の位置づけ
出典：東京電力パワーグリッド(株)

配電系統は，需要家に非常に近い場所に設置される電柱や電線などの配電設備の集合体といえます．送電系統を「線」，発電所・変電所を「点」に例えると，「面」的に設置されることが配電系統の特徴です．

このため，設備の1つ1つは発電所や送電線などと比べると小型・軽量であるものの，その設備量は膨大であり，例えば全国の電柱本数は約3,600万本ともいわれています（そのうち約2/3は電力会社，残りは通信会社が保有）．これらの配電設備を適切に設置・維持・管理しつつ，公衆安全の確保，電力品質と安定供給の維持，コスト低減を前提に，配電系統は維持・運用されています．

ここでは最初に，電力系統さらには配電系統を理解するうえで基本となる中性点接地方式について説明します．

中性点接地の目的と中性点接地方式の種類

1．中性点接地の目的

中性点接地とは，変電所の変圧器の中性点を抵抗，リアクトルなどを経由して大地に接地することです．系統によって，直接接地，抵抗接地，リアクトル接地，非接地の各方式の中から適切なものを選びます．

中性点が接地されていない場合，系統の地絡故障時に異常電圧が発生して設備の絶縁破壊につながる可能性があること，地絡故障電流の検出が困難となる可能性が生じることなどがあります．そのため，以下を目的に中性点を接地しています．

・地絡故障時に生じる異常電圧の抑制および線路や機器の絶縁確保
・地絡故障発生時の保護継電器の確実な動作

2．中性点接地方式の種類

上記のように，電力系統の故障発生時に，地絡保護継電器の確実な動作，異常電圧の抑制，故障点および他の機器の損傷軽減が可能となる中性点接地方式を選択する必要があります．現在採用されている中性点接地方式の例を**表1**に示します．

一般的に，275 kV以上の超高圧系統では，直接接地方式を採用することによって異常電圧の抑制，線路や機器の絶縁の確保，保護継電器の確実な動作などを図っています．

一方，通信線と同じ電柱に設置されることが多い6.6 kV高圧配電系統や

表1　中性点接地方式の例

種　別		中性点接地方式	参　考
送電系統	275 kV 以上の系統	直接接地	
	154 kV 系統	抵抗接地	一般
		補償リアクトル接地※1	主にケーブル系統など充電電流が大きい場合
	66 kV 系統	抵抗接地	一般
		消弧リアクトル接地	消弧リアクトル接地方式が有利と判断される場合
		補償リアクトル接地	主にケーブル系統など充電電流が大きい場合
	22 kV 系統	抵抗接地	
配電系統	6.6 kV 系統	非接地	

注）※1　154 kV 系統の補償リアクトルには，直列抵抗を挿入する．

出典：東京電力パワーグリッド(株)

22 kV 特別高圧配電系統では，非接地方式や抵抗接地方式の採用によって，中性点に大きな電流を流さず，通信線の誘導障害防止，故障点の損傷と機器へのダメージ低減などを図っています．以上のように，電圧階級によって必要とする技術要件に応じて中性点接地方式を選定する必要があります．

以下に，各接地方式に関する概要と特徴を説明します．

(1) 非接地方式

この方式は**図 2** に示すように，変電所の変圧器の中性点を接地しない方式で，主に 33 kV 以下の配電系統に採用されます．一般に，6.6 kV 高圧配電系統

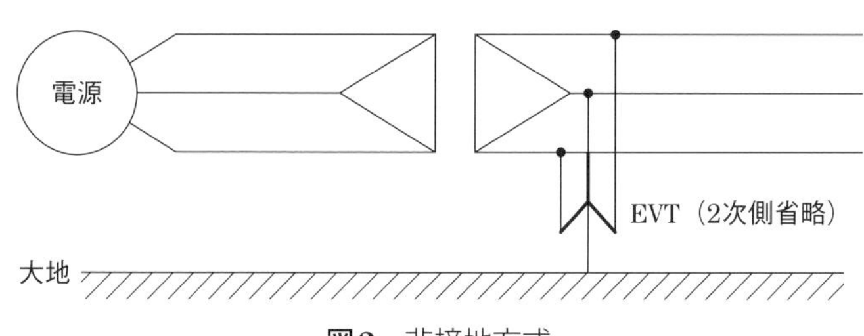

図2　非接地方式

はこの方式を採用しています.

「非接地方式」と記載していますが，本当に「非接地」では地絡電流を検出できませんので，実際には，地絡事故電流を検出するために接地変圧器（EVT：Earthed Voltage Transformer）が配電用変電所の2次側母線に設置されています．すなわち，このEVTを介して非常に高い抵抗で接地されていることになります.

この接地方式の長所・短所は，以下の通りです.

【長所】

一線地絡電流が非常に小さいので，配電線と共架されている通信線への誘導障害や作業者の安全上の問題はほぼないといってよい.

【短所】

一線地絡事故時の健全相の対地電圧は，常時の$\sqrt{3}$倍に上昇する．このため，配電線路や機器の絶縁破壊に対する注意が必要となる．ただし，実用上は，そもそも配電電圧が6.6 kVとあまり高くないので，この点は問題にならないことが多い.

(2) 抵抗接地方式

図3に示すように，変電所の変圧器の中性点を抵抗で接地する方式で，主に22～154 kV系統で採用されています．一般に，22 kV特別高圧配電系統はこの方式になっています.

中性点に数十Ω程度の抵抗を用いた場合は「低抵抗接地方式」と呼ばれ，特徴は後述する直接接地方式に近くなります．一方，数百Ω程度の抵抗を用いた場合は「高抵抗接地方式」と呼ばれ，前述の非接地方式に近い特徴となります.

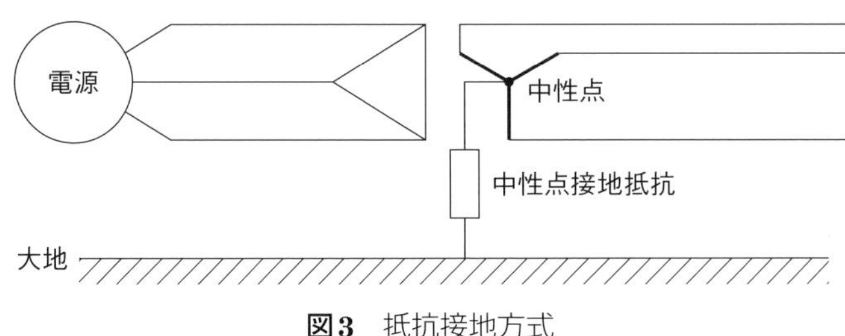

図3　抵抗接地方式

この接地方式の長所・短所は，以下の通りです．

【長所】

・直接接地方式と比べて抵抗値が大きいため，地絡事故電流が小さい．

・通信線への誘導電圧を抑え，電磁誘導障害の低減が可能となる．

【欠点】

接地抵抗値が小さい場合は地絡事故電流が大きくなり，通信線に与える電磁誘導障害や直列機器に与える衝撃が大きくなる．この場合，迅速な故障検出とその遮断が必要になる．遮断器の遮断容量選定にも注意が必要である．

(3) 消弧リアクトル接地方式

図 4 に示すように，系統の対地静電容量と並列共振するインダクタンス値をもった消弧リアクトルで変電所の変圧器の中性点を接地する方式です．主に 66 kV 架空系統で，有利と判断される場合に採用されています．

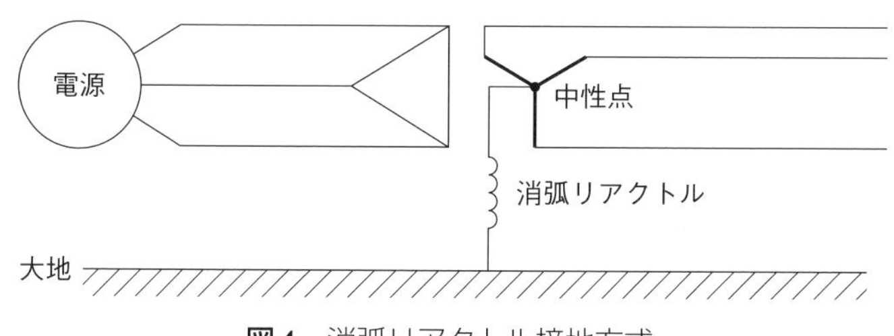

図 4　消弧リアクトル接地方式

この接地方式の長所・短所は，以下の通りです．

【長所】

・一線地絡事故時の充電電流（進み電流）を，消弧リアクトルへ流れる電流（遅れ電流）により打ち消し，故障点のアークを消弧できる．これにより，停電および異常電圧の発生を防止し，電力供給を継続できる．

・一線地絡事故電流が小さいので，通信線への誘導障害もほぼ問題にならない．

【短所】

・地絡継電器が動作しないので，一線地絡事故が永久事故の場合は個別対応が必要となる．

・系統に変更が生じた場合，消弧リアクトルのインダクタンス値が適当か，都度確認が必要となる．

(4) 補償リアクトル接地方式

この中性点接地方式は，「**(2) 抵抗接地方式**」で述べた抵抗接地方式の改良型といえます．地中ケーブル系統において抵抗接地方式を採用する場合，ケーブルのもつ静電容量により電流が進みとなりますが，変電所の変圧器の中性点に取り付けた抵抗に並列に補償リアクトルを設置することによって，ケーブルの静電容量分を打ち消し，抵抗成分のみとすることができます．これによって保護継電器の動作が確実となります．その他の長所・短所は，「**(2)**」で述べた抵抗接地方式と同様です．

(5) 直接接地方式

図 5 に示すように変電所の変圧器の中性点を直接接地する方式で，主に 275 kV 以上の送電系統で採用されています．

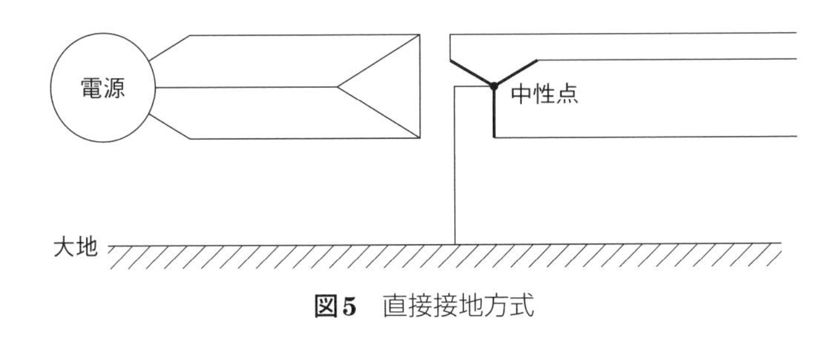

図 5　直接接地方式

この接地方式の長所・短所は，以下の通りです．

【長所】

・一線地絡事故時の健全相の対地電位上昇がほとんどないため，線路や機器の絶縁低減が可能となる．

・変圧器の中性点がほぼ零電位に保たれるので，変圧器に段絶縁方式を適用でき，絶縁レベルの低減が可能となる．

・各接地方式の中では地絡故障電流が最も大きいので，事故検出が容易になる．

【短所】

・地絡故障電流が大きいので，直列機器に与える影響が大きくなる．したがって，機器保護のために迅速な故障検出とその遮断が必要となる．

・近接して設置される通信線に与える電磁誘導障害が大きいので，適切な離隔距離が求められる．

配電方式と配電電圧

1．配電電圧と接地方式の変遷

電力系統では，同じ電力を送る場合，送電電圧が高いほど線路電流を小さくできます．その結果，電力損失（$=I^2R$，I：線路電流，R：線路抵抗）が小さくなり，大容量・長距離送電を行ううえで有利になります．

その原理原則は配電系統でも同じですので，配電電圧や接地方式は**図6**のような変遷を経て現在に至っています．

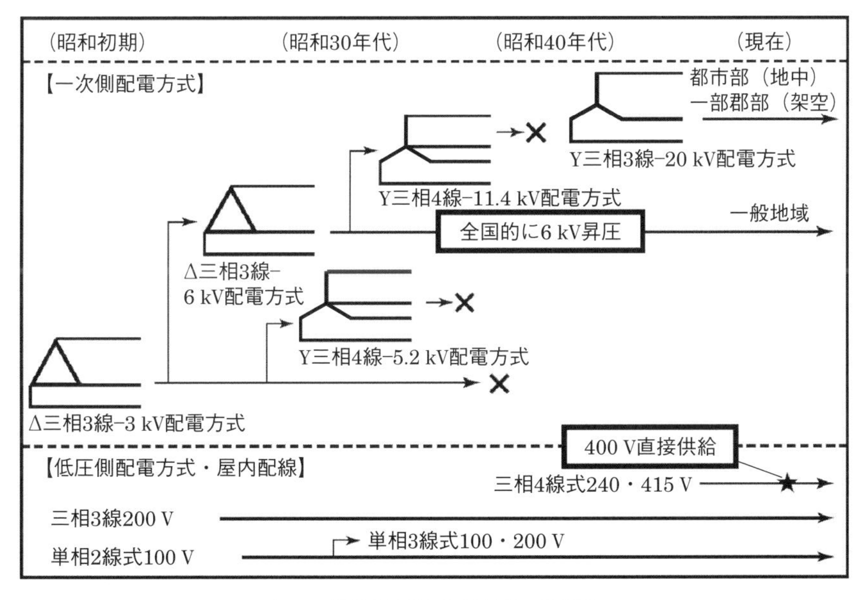

図6　配電方式と配電電圧の変遷

出典：配電系統構成の変遷，電気設備学会誌，p.402 図1，2009年6月号

以下に配電方式と配電電圧の変遷について簡単に説明します．

高圧配電系統の電圧については，昭和初期は三相3線式3.3 kV非接地方式が採用されていました．高度経済成長にともない電力需要が急増したので，供給力の確保や電力損失，電圧降下の低減などを目的とした配電電圧の昇圧が検討されました．

そこで上記課題に対する抜本的な改善対策として，三相3線式6.6 kV非接地方式が有効と判断され，高圧配電電圧の6.6 kVへの昇圧が全国で実施されました．また，都市部過密地域，地方の新規開発地域ならびに過疎地域などでは供給力の確保，供給ルート・電圧面などの課題への対応策として，22 kV配電方式が適用されました．22 kV配電方式は，その後，都市部過密地域や大規模新規開発地域・再開発地域等において，主に500 kW以上10,000 kW未満の業務用ビルや超高層マンションなどへの供給方式として採用されています．

次に，中性点接地方式としては，配電設備は公衆に近接して設置され，かつ通信線などと同じ電柱に共架されることが一般的であることから，地絡電流を極力抑制可能な非接地方式が採用されてきました．非接地方式においては，一線地絡時の健全相の対地電位上昇がありますので，22 kV配電系統など特別高圧に分類される配電系統においては，地絡電流を抑制しつつ，絶縁レベルの低減が可能な抵抗接地方式が採用されました．

一方，低圧配電方式としては，従来から電灯用は単相2線式100 V，動力用は三相3線式200 Vの方式が採用されてきましたが，やはり電灯負荷の増大する需要に対応するため，電圧降下や損失率を低減できる単相3線式（100/200 V）が一般的になりました．これらと並行して，三相4線式の配電方式についても，電灯と電力の両方に供給可能な方式として，超過密地区などにおいて適用されています．

2．配電電圧の区分

電圧は，電気設備に関する技術基準を定める省令第二条において，その大きさにより，**表2**のように低圧，高圧，特別高圧に分類されています．配電系統で使用する電圧は，国内では，主に100 V，200 Vが低圧配電線に，6.6 kVが高圧配電線に採用されており，特別高圧としては22 kVや33 kVが採用されています．

これらの電圧については，電気設備技術基準などにおいて，危険の程度と実用性の面から，電圧ごとに地域や状況に応じて安全を確保できるよう，電線路

表2　配電電圧の区分

区分	電圧区分
低　圧	直流では 750 V 以下，交流では 600 V 以下のもの
高　圧	直流では 750 V を，交流では 600 V を超え，7,000 V 以下のもの
特別高圧	7,000 V を超えるもの

出典：経済産業省：電気設備に関する技術基準を定める省令，令和 5 年 3 月 20 日施行より筆者作成

の地上高，建造物との離隔距離，電線の太さなどが細かく定められています．したがって，配電設備の計画，設計，巡視・点検時などにおいて随時確認する必要があります．

3. 配電方式

(1) 高圧配電系統

現在，国内の高圧配電系統は三相 3 線式で，前述の中性点非接地方式が採用されています．この方式では，地絡事故電流を検出するために接地変圧器が配電用変電所の 2 次側母線に設置され，これを介して高抵抗で接地されています．すなわち，完全な非接地ではなく，1 次側から見ると，数千 Ω 以上の高抵抗で接地された状態といえます．

この方式では，一線地絡事故が発生した場合，対地静電容量を介して地絡電流（零相電流）が流れますが，高圧配電系統では対地静電容量が非常に小さい（＝静電容量のインピーダンスはその逆数となるので非常に大きい）ので，地絡電流も大きくありません．したがって，高低圧の混触時の低圧側の電位上昇や通信線に対する誘導障害などの問題は非常に少ないという利点があります．すなわち，日本のように同じ支持物に高低圧配電線と通信線を設置することが多い場合（共用柱）に有利な方式といえます．

(2) 特別高圧配電系統

現在，特別高圧配電系統は三相 3 線式で，前述の中性点接地方式が採用されています．

(3) 低圧配電系統

低圧の配電系統では，電灯負荷に対しては単相 2 線式または単相 3 線式，動

力負荷に対しては三相3線式が適用されています．また，電灯負荷と動力負荷の両方に供給できる方式として異容量V結線による灯動共用三相4線式も使用されています．詳細については後述します．

配電用変電所（配電系統の起点）

配電用変電所は，用地事情にもよりますが，対象となる配電エリアの概ね中心部に設置するよう配慮されます．通常は1次側を154 kVや66 kVで受電し，2次側を6.6 kVや22 kVで配電線へ送り出す変電所です．

1．配電用変電所の形式

一般に，変電所は屋外式，屋内式，地下式に大別されます．屋外式は，開閉設備，変圧器などの主要機器が屋外に設置されますので，土地が広く，人家の密集していない地点に適用されます（**写真1**）．

写真1　屋外式配電用変電所の例

一方，屋内式は，主要機器が屋内に設置されますので，騒音や付近との環境調和が問題となる住宅街や海岸および風雪の多い地方などに適用されます（**写真2**）．また，都心部では用地の確保が難しいこと，土地の有効利用といった観点から，複合用途ビルの地下部分にガス絶縁機器を設置する地下式変電所も採用されています．

写真2　住宅街にある屋内式配電用変電所の例

2. 配電用変電所の設備容量

配電用変電所の設備規模は，供給信頼度の確保や経済性（スケールメリット）などを考慮して決められます．配電用変電所の設備容量を地域や需要密度別に定めた例を**表3**に示します．

表3　配電用変電所の地域別設備容量の例

地域	設備容量	需要密度の目安
過密地区	20～30 MVA×3 台	24 MW/km^2 以上
都市部	15～20 MVA×3 台	4～24 MW/km^2
その他地区	10 MVA×3 台	4 MW/km^2 未満

3. 配電用変電所の保護装置

配電用変電所の保護装置には，電源送電線の保護，一次母線の保護，変圧器の保護，二次母線の保護，高圧配電線の保護などがあります．ここでは高圧配電線の保護について説明します．

(1) 短絡保護

高圧配電線の短絡保護としては，過電流継電器（OCR）を使用しています．

配電用変電所における高圧配電線のOCRの検出感度は，通常設備容量の150～200％程度で整定されています．

OCRの時限は，故障による設備被害の拡大防止，公衆安全の観点から，上位系統や下位系統との協調を図りつつ，できるだけ高速で遮断器が動作するような設定（通常0.2～0.4秒程度）になっています．

(2) 地絡保護

非接地系統では前述のように，地絡事故が発生しても事故電流はわずかしか流れませんので，短絡保護のように過電流継電器では検出することはできません．そこで，**図7**に示すように，事故電流の向きは，事故配電線と他の健全配電線とでは逆になることに着目します．

複数の高圧配電線が引き出されている配電用変電所では，地絡事故時に発生する零相電圧（主変圧器2次側に設置されたEVTにおいて検出）で動作する地絡過電圧継電器（OVGR）と，やはり地絡事故時に発生する零相電流（各高圧配電線に設置された零相変流器（ZCT）によって検出）とその向きによって動作する地絡方向継電器（DGR）を組み合わせて地絡保護を行っています．

すなわち，地絡事故が発生するとEVTに発生する零相電圧を検出し，これより各配電線に設置されている地絡方向継電器に電圧がかかり，各配電線に設置された零相変流器と零相電圧の位相関係を判定して事故配電線を特定します．

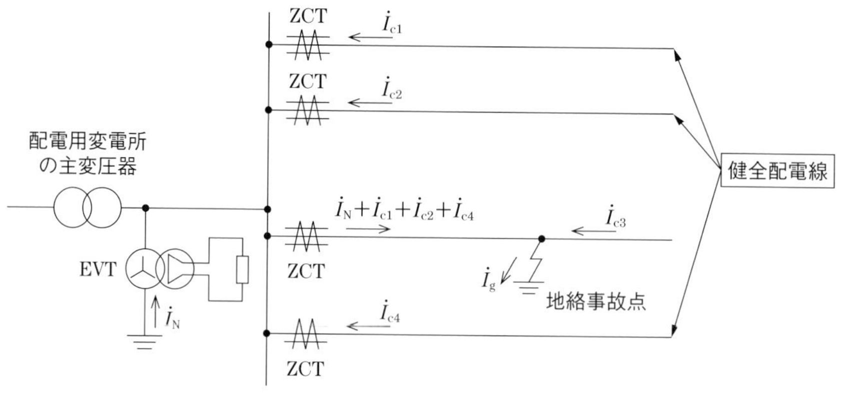

図7　高圧配電線の地絡保護

(3) 再閉路継電器

配電線事故は，樹木などの一時的な接触など，一過性の事故であることが多いです．これらの事故は，一定時間の経過後，再度送電すると問題なく送電できることが多いので，配電線事故を検出した場合，一度配電用変電所の遮断器を開放した後，再度送電する再閉路継電器が使用されています．

再閉路の時限は，供給信頼度の観点からはできるだけ短いことが望ましいですが，配電系統の残留電荷，遮断器の動作責務等を勘案し，一般の高圧配電線では1分程度で再閉路を行っています．

また，高圧配電線には後述する時限式事故捜査方式で事故区間を切り離すための自動開閉器が設置されていますので，再々閉路まで実施することが多いです．

高圧（6.6 kV）配電系統の特徴である「多分割多連系」

1．高圧配電系統の基本形状

高圧配電系統は，面的に在在する電力需要に対応して面的に設置されています．**図8**は高圧配電系統の概念図で，一般にフィーダ，幹線，分岐線の3つに大別されます．

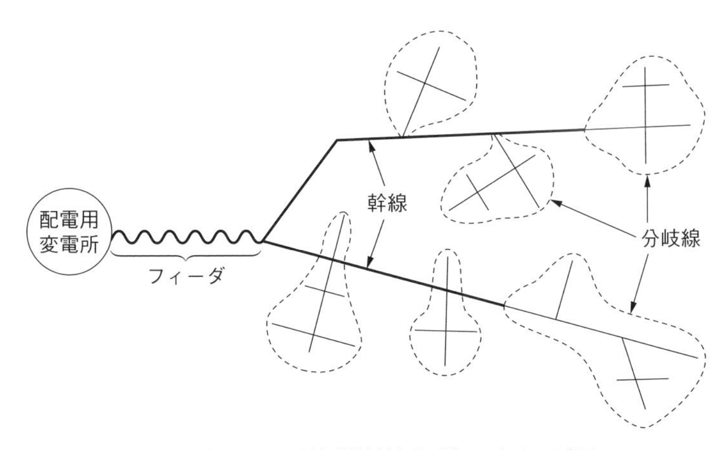

図8　高圧配電系統（樹枝状方式）のイメージ図

(1) フィーダ

変電所から第一負荷点に至るまでの，途中に負荷のない部分のことをいいます．変電所からの引出し部分は回線数が多く，輻輳（ふくそう）することが多いので，多くの場合，地中ケーブルとなります．

(2) 幹線および分岐線（枝線）

第一負荷点以降の主要部分を「幹線」と呼び，幹線から分岐した部分を「分岐線」または「枝線」と呼びます．幹線には大電流を流せるよう，サイズの大きい電線やケーブルを使用し，分岐線には幹線よりも小さいサイズの電線を用います．

2. 樹枝状方式の系統構成

既設の配電線がない地点に電力需要が発生した場合は，一般的には最も近くにある配電線を延長して電力供給を行います．このような線路延長を繰り返すことによって形成される高圧配電系統の形態を，その形状から「樹枝状方式」と呼びます．

現在の架空配電線の系統構成は，架空電線路がフィーダ，幹線と分岐線で形成される樹枝状方式が主流となっており，図8がまさに樹枝状方式のイメージになります．

高圧配電系統の構成の種類には樹枝状方式のほかに，「ループ方式」などがありますが，現在の高圧配電系統としてはあまり一般的でないので，ここでは説明を省略します．

樹枝状方式には，以下のような長所・短所があります．

【長所】

・電力需要の増加に対して，基本的には電線を延長するだけで速やかに対応することができる．

・ループ方式に比べて建設費が安価である．

・流れる電流の向きを把握しやすく，設備の運用や保護が容易である．

【短所】

隣接する他の高圧配電系統と距離がある場合は，連系線を設置することが困難となるので，停電事故の発生時は，復旧するまで広いエリアで長時間の停電が続くことがある．

3. 多分割多連系方式

日本では，電気事故発生時の高圧配電線の停電範囲を極力限定するため，高圧配電系統の基本構成を前述の樹枝状方式としつつも，当該の高圧配電系統をいくつかの区間に分割し，それぞれの区間において，隣接する別の高圧配電線の一部区間と連系させています．これを「多分割多連系」方式といいます．いわば，樹枝状方式の発展形です．

この方式の採用により，事故区間以外の健全区間については，連系用開閉器の操作によって系統構成を切り替えることで速やかな電力供給が可能となっています．

図 9 に高圧架空配電系統，**図 10** に高圧地中配電系統の多分割多連系方式のイメージを示します．

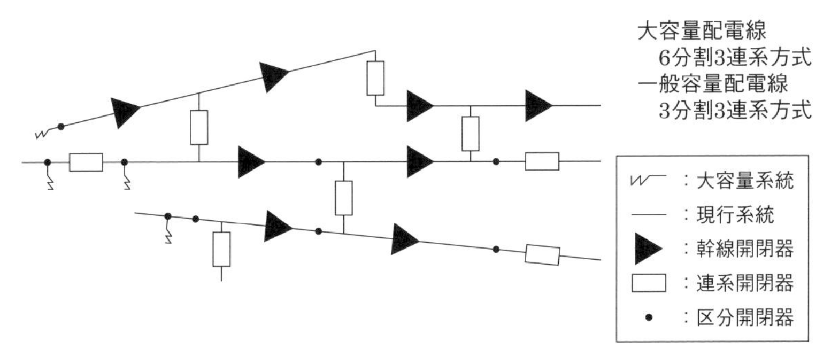

図 9　高圧架空配電系統の多分割多連系方式のイメージ
出典：東京電力パワーグリッド(株)

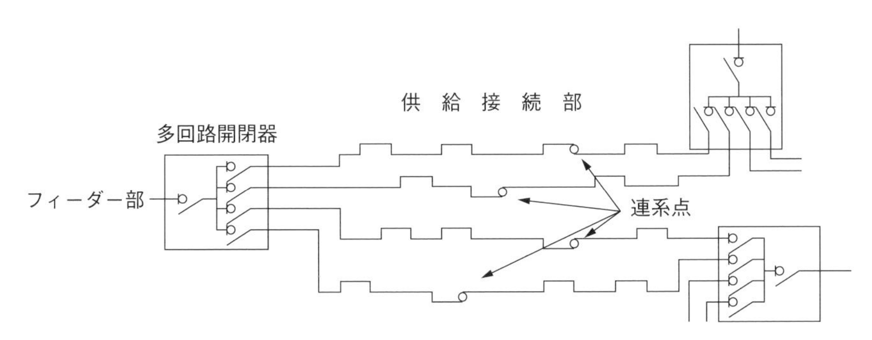

図 10　高圧地中配電系統の多分割多連系方式のイメージ
出典：東京電力パワーグリッド(株)

すなわち，多分割多連系方式では，

・高圧配電線路の途中にいくつかの開閉器を設置し，その配電線をいくつかの「区間」に分割する．

・分割された各区間に対して，隣接する高圧配電線との間に「連系線」を設け，連系用開閉器を設置する．

ことを基本とします．

上記のような設備形成により，高圧配電線事故の発生時は，事故区間以外の電力供給を速やかに回復し，停電区間を極限化することが可能になります．これが多分割多連系方式の大きな特徴です．

図9ですと，少しわかりづらいかもしれませんので，もう少し実際の高圧架空配電系統に近いイメージを**図11**に示します．

この例では，1つの高圧配電線を4つのエリア（1エリアから4エリア）に分け，それぞれのエリアが連系開閉器（白い正方形）を介して隣接する高圧配電線と連系されています．

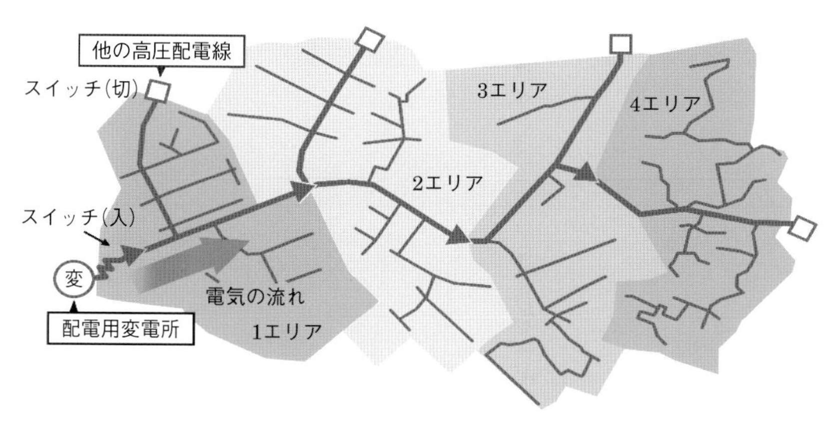

図11　実際の高圧架空配電系統に近いイメージ
（配電用変電所からの短い波線がフィーダ，太線が幹線，細線が分岐線）
出典：EV DAYS，東京電力エナジーパートナー(株)

4．系統容量

高圧配電線の標準容量（幹線の容量）を「系統容量」と呼びます．これは箇単にいえば，その高圧配電線に平常時に流してよい電流の上限値という意味合いです．

系統容量は，高圧配電線の区間数，連系線の数，供給信頼度，経済性，配電系統の管理・保守・運用面などを勘案して決定されますので，配電線の導体として使用するアルミ線や銅線に物理的に流し得る電流の上限値とは異なることに注意してください（一般に，物理的に流し得る電流の上限値よりも小さくなります）．

高圧配電線の系統容量について，東京電力パワーグリッドの高圧架空配電系統における大容量配電線（**表 4** の太枠内）を例に，詳しい説明をしたいと思います．

表4　高圧配電線の系統容量の例

<table>
<tr><th colspan="3" rowspan="2">種　別</th><th colspan="2">幹線容量</th></tr>
<tr><th>常時容量（A）</th><th>短時間容量（A）</th></tr>
<tr><td rowspan="4">架空系統</td><td rowspan="2">大容量配電線</td><td>自動化</td><td>510（530※1）</td><td>600</td></tr>
<tr><td>その他</td><td>450</td><td>600</td></tr>
<tr><td rowspan="2">一般配電線</td><td>アルミ配電線</td><td>270</td><td>360</td></tr>
<tr><td>銅配電線</td><td>230</td><td>300</td></tr>
<tr><td rowspan="3">全地中系統</td><td rowspan="2">大容量配電線</td><td rowspan="2">自動化※2
その他</td><td>480</td><td>600</td></tr>
<tr><td>400</td><td>600</td></tr>
<tr><td colspan="2">一般配電線</td><td>260</td><td>400</td></tr>
</table>

注）※1　530 A 運用は太陽光逆潮流で，低圧未連系量の把握が可能な配電線に限る．
※2　以下の条件を満たす場合に採用する．なお基本系統構成は 4 分割 2 連系（多段切替），または 4 分割 4 連系とする．
・事故時多段切替をループ切替にて可能な配電線．
・常時容量 400 A と 480 A を比較し，効率的かつ効果的な設備形成が図れること．

出典：東京電力パワーグリッド(株)

高圧架空配電系統における大容量配電線は，図 9 に示すように「6 分割 3 連系」が標準となっています．これは，1 つの高圧配電線が幹線開閉器と区分開閉器によって 6 つの区間に分割され，そのうち 3 つの区間が隣接する 3 つの高圧配電線と連系していることを意味します．

表 4 より，例えば架空系統の「大容量配電線（その他）」の常時容量は 450 A

ですので，これを6分割すると，1つの区間は450/6＝75 Aとなります（実際には，概ねこの値に近くなるように需要家軒数等を参考にして区間を分割します）．そして，隣接する高圧配電線の事故時など，緊急時は短時間容量（600 A）が適用されますので，短時間容量と常時容量の差の600－450＝150 Aを取り込むことが可能ということになります．この150 Aは上記の通り，隣接する高圧配電線の2区間分に相当します．このような形で，それぞれの高圧配電線が隣接する高圧配電線から臨時の供給応援をもらうことができるように構成されています．

なお，上記は配電自動化システムが導入されていない高圧配電線の場合です（開閉器の入・切操作は，作業者が現地に行って行います）．配電自動化システムが導入された大容量配電線では，電力会社の事業所から遠方操作で現地の自動開閉器の操作を行え，また，必要に応じて高圧配電系統の多段切替（「**5部 配電設備の事故と予防・保守を知ろう！**」で詳しく説明します）を迅速に行えますので，常時の系統容量をもう少し大きくしても供給信頼度に大きな影響はないものと考えられます．このため，例えば，表4の架空系統における配電自動化導入済み大容量配電線の常時容量は，450 Aよりも大きい510 Aに設定されています．

低圧（100/200 V）配電系統の特徴は「放射状」

1. 低圧配電系統の電圧

低圧配電用の電圧としては，主に100 V，200 V，100/200 Vが使用されています．低圧配電系統の配電方式としては，エアコンやIHヒーターなど200 V家電が一般家庭に普及したことから，100/200 V単相3線式が主流となっています．低圧電力需要に対しては三相3線式200 Vが使用されています．

2. 低圧配電系統の方式

低圧配電系統は，各柱上変圧器を起点に低圧配電線が放射状に設置されることで構築されています．この系統は，電力需要が新規に発生する都度，低圧線を延長したり，分岐線を新規に設置するなどして，まさに樹枝状に拡張されていきます（**図12**）．

低圧配電線の常時許容電流を超過したり，低圧配電系統の末端における電圧降下が過大となる場合は，当該低圧配電系統を分割し，柱上変圧器を新設して

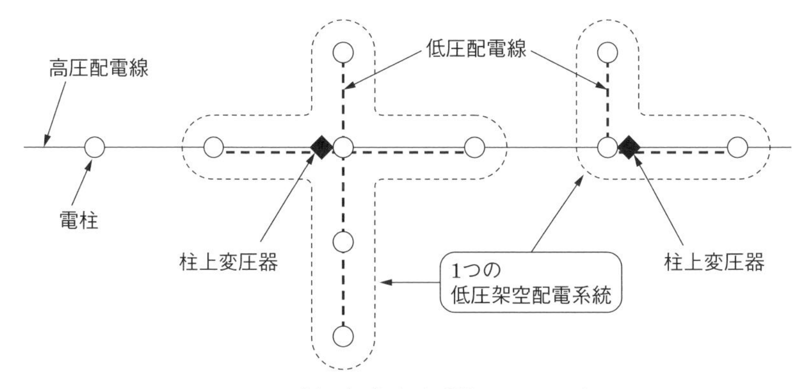

図 12　低圧架空配電系統のイメージ

新たな低圧配電系統をつくります．この方式は電力需要の増加に対して，柔軟で経済的に対応できる利点がありますので，一般的に適用されています．

上記のほか，同一の高圧（特別高圧）系統に接続されている変圧器の 2 次側を低圧線で連系して並列運転する「低圧バンキング方式」，都心部で採用されることがある「レギュラーネットワーク方式」がありますが，適用例は少ないので本書では説明を省略します．

3. 低圧系統の配電方式と特徴

表 5 に低圧配電系統の配電方式とその特徴を示します．低圧配電系統は，一般家庭などの電灯負荷（100 V）や，小規模な工場やビル・農事用負荷などの動力負荷（200 V）へ電力供給するために用いられます．

電灯負荷には単相 2 線式または単相 3 線式で（**図 13**），動力負荷には三相 3 線式（**図 14**）による供給が一般的です．電灯負荷に加えて動力負荷が多いエリアでは，三相 4 線式（**図 15**）で供給すると低圧電線の本数や変圧器数を減らすことができ，設備形成が効率的になります（＝灯動共用方式）．

一方，住宅地など動力負荷が少ないエリアでは，電灯負荷に対して単相 3 線式で配電し，動力負荷に対しては発生の都度，三相 3 線式で配電する（＝灯動分離方式）方が，変圧器や電線などの設備を最小限にできることが多いです．

表5　低圧配電系統の配電方式とその特徴

配電方式	特　徴
単相2線式 （図13）	・電灯負荷に供給する際に使用する． ・以前は電灯供給用の主な方式であったが，最近ではあまり使われなくなってきている．
単相3線式 （図13）	・電灯負荷に供給する際に使用する． ・エアコンやIHヒーターなど200V家電に送電できるため，電灯負荷供給用の主流となっている． ・中性線に流れる電流が相殺されるので送電効率が良く，単相2線式よりも電力損失を削減できる．
三相3線式 （図14）	・動力負荷に供給する際に使用する． ・変圧器設置箇所が電柱上であることやコスト面から，単相変圧器2台をV結線にすることが多い．
三相4線式 （図15）	・電灯負荷と動力負荷の両方に供給する際に使用する． ・電灯負荷用と動力負荷用の変圧器を共用できるので，両方の負荷に送電する場合に効率的である． ・変圧器設置箇所が電柱上である場合は，容量が異なる単相変圧器2台をV結線にすることが多い．

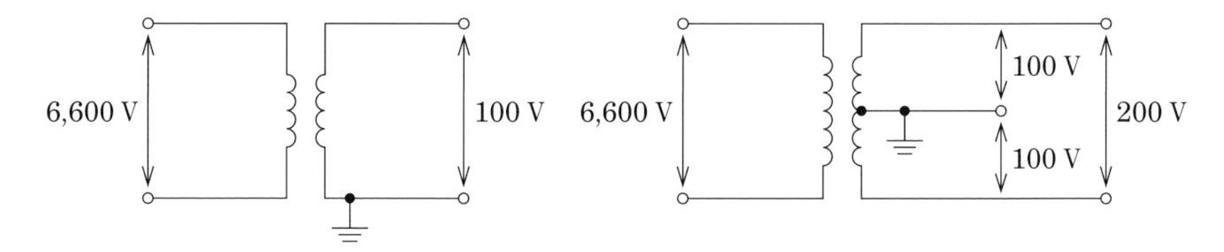

図13　単相2線式と単相3線式（電灯負荷供給用，単相変圧器×1台）

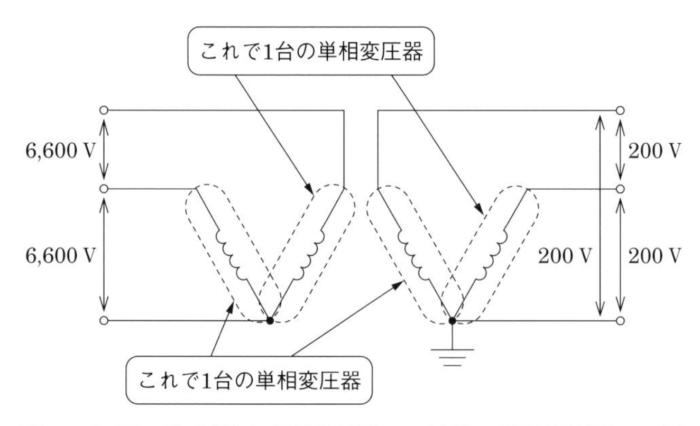

図14　三相3線式（動力負荷供給用，V結線，単相変圧器×2台）

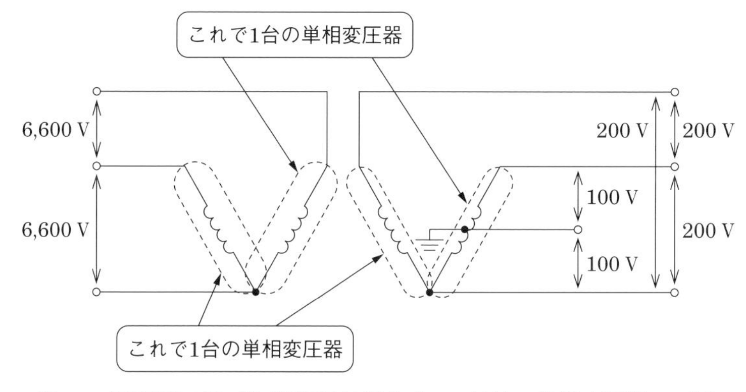

図15　異容量三相4線式(灯動共用方式，V結線，単相変圧器×2台)

特別高圧（22 kV）配電系統は「高信頼度」

1．22 kV 配電の適用エリア

これまで述べたように，配電系統は 6.6 kV 配電系統が主流となっています．22 kV 配電は，6.6 kV 配電に比べて適用例は少ないですが，都心部など高需要密度地域（**図 16**）や，埋立地区，工業団地など需要動向が明らかで，6.6 kV 配電よりも 22 kV 配電の適用が経済性や保守・運用面で総合的に有利と考えられる地域に適用されています．架空配電系統または地中配電系統とするかについては，需要密度や 22 kV 配電設備の設置スペースなどによって判断されます．

2．22 kV 配電の供給方式

一般に，送配電方式には**表 6** に示すような特徴がありますので，求められる供給信頼度や既設 22 kV 配電設備の状況，負荷の状況などを検討して適切な方式を選択します．22 kV 配電の供給方式としては，本線・予備線切替供給方式，スポットネットワーク方式が用いられることが多いです．

22 kV 配電の代表的な供給方式である本線・予備線切替供給方式，スポットネットワーク方式の単線結線図を**図 17** に示します．

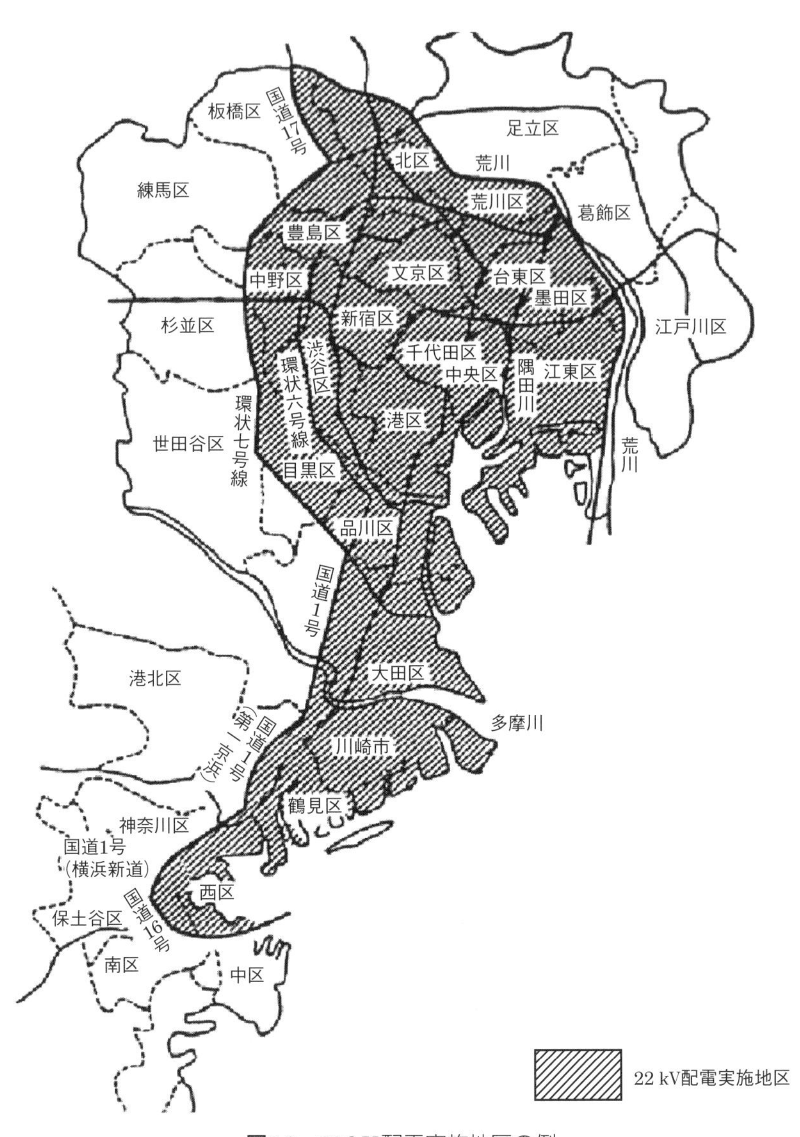

図16　22 kV配電実施地区の例
出典：東京電力パワーグリッド（株）

表6　各送配電方式の特徴

供給方式	特　徴	電圧階級
1回線供給	・最もシンプルで経済的な方式である． ・送配電線の事故時に停電し，復旧時間は送配電線の復旧時間と同一となる．	・特別高圧，高圧，低圧受電など様々な電圧階級で用いられている．
本線・予備線切替供給	・送配電線の事故時は一旦停電するが，予備線への切替により停電時間の短縮が可能である．	・特別高圧や高圧需要家の希望によって採用される．
ループ供給	・常時2回線受電となるので，片回線の事故では停電しない． ・送配電線の保守やメンテナンス時は，片回線ずつ停止することにより停電が不要となる． ・保護継電方式が複雑になる．	・主に特別高圧以上で用いられる．
スポットネットワーク	・標準的には3回線の特別高圧配電線から受電するので，変圧器容量を負荷の1.5倍に設計しておくことで，配電線事故時に2回線となった場合でも無停電で供給を継続することが可能である． ・上記により点検や保守メンテナンス時の停電は不要となる． ・保護装置が複雑で，建設費が高額となる傾向がある．	・都心部の高層ビルなど高い供給信頼度が要求され，需要密度が大きい負荷に対して，特別高圧で供給する際に用いられる． ・変圧器2次側の電圧階級は400 Vの低圧スポットネットワーク方式と，6.6 kVの高圧スポットネットワーク方式がある．
レギュラーネットワーク	・スポットネットワーク同様，標準的には3回線の特別高圧配電線から受電するので，どの回線に事故があっても無停電で供給を継続することが可能である． ・保護装置が複雑で，建設費が高額となる傾向がある．	・2回線以上の20 kV級配電線から分岐して，高負荷密度地域の商店街あるいは繁華街といった地域の一般低圧需要家に100/200 Vで供給する際に用いられる．

配電系統に関連するその他の基礎知識

1．供給信頼度

電力の品質を表す指標としては，まず，周波数と電圧があげられます．これらに加え，「供給信頼度」があげられます．この供給信頼度の指標としては，一般的に停電時間と停電回数（停電頻度）がよく用いられます．停電時間や停電回数が少ないということは，当然のことながら，供給信頼度が高いということ

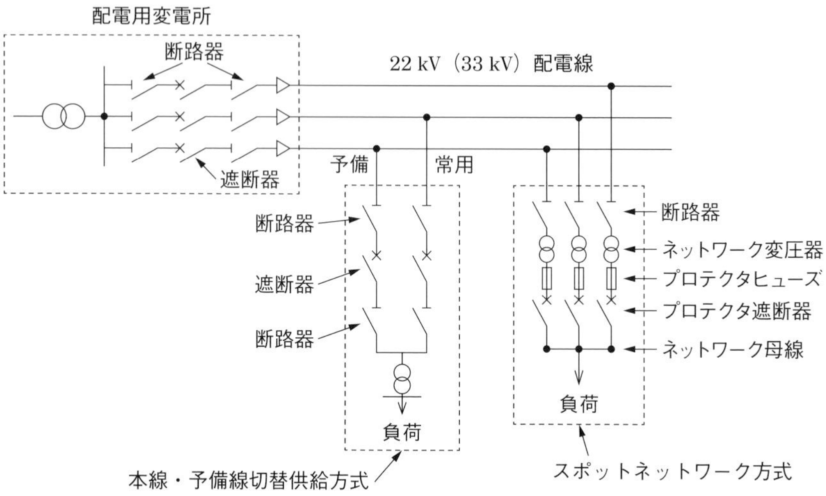

図 17　本線・予備線切替供給方式とスポットネットワーク方式の単線結線図

になります．

以下に，供給信頼度の指標について説明します．

「停電回数」とは，1 電灯需要家当たりの年間平均停電回数のことで，「回/(年･軒)」で表されます．また，「停電時間」とは，1 電灯需要家当たりの年間停電時間のことで，「分/(年･軒)」で表されます．これらは，

1 需要家当たりの年間停電回数

$$= \frac{\Sigma(\text{停電低圧電灯需要家口数})}{\text{低圧電灯需要家口数}} \quad [\text{回}/(\text{年}\cdot\text{軒})]$$

1 需要家当たりの年間停電時間

$$= \frac{\Sigma(\text{停電時間} \times \text{停電低圧電灯需要家口数})}{\text{低圧電灯需要家口数}} \quad [\text{分}/(\text{年}\cdot\text{軒})]$$

という式で算出されます．

日本の電力系統（配電系統を含む）は，適切な設備形成や設備更新と適確な運用･保守に加え，配電系統でいえば，配電自動化システムの導入などにより，**図 18**，**19** に示すように，1 需要家当たりの年間停電時間や停電回数で表される供給信頼度は，欧米諸国と比較して高いレベルに保たれている（停電時間は

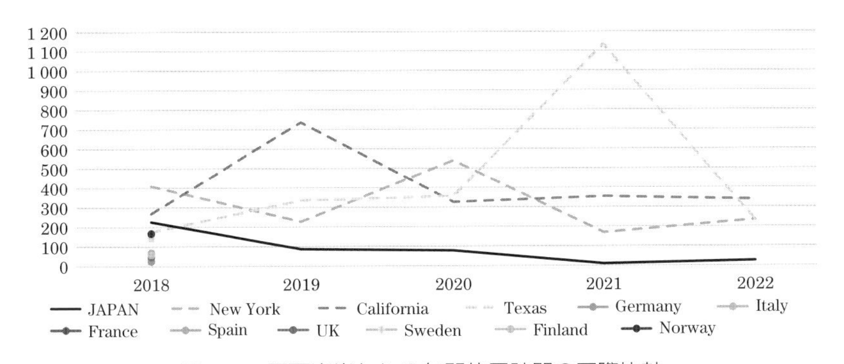

図18　1需要家当たりの年間停電時間の国際比較
出典：電力広域的運営推進機関，年次報告書-2023年度版-

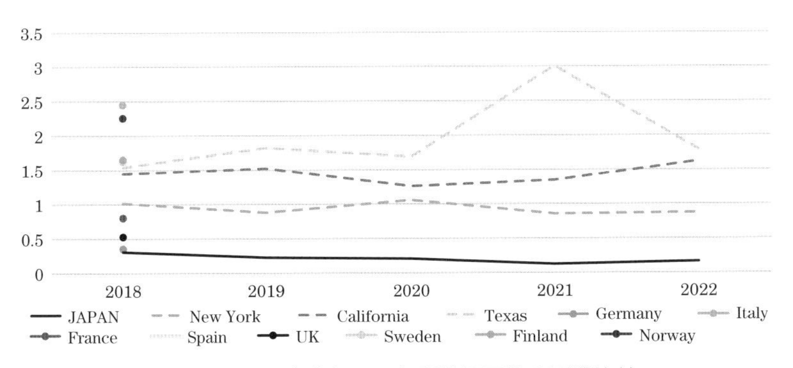

図19　1需要家当たりの年間停電回数の国際比較
出典：電力広域的運営推進機関，年次報告書-2023年度版-

短く，停電回数は少ない）といえます．

2．供給信頼度を向上させるための方策

前述の供給信頼度指標を向上させるためには，以下のような対策が考えられます．いずれも一定の設備投資が必要となりますので，得られる効果を十分に勘案して計画する必要があります．

・配電線事故の頻度を減少させるための適時適切な設備更新…停電回数の低減に寄与

・停電時間短縮のための配電自動化システムなどの導入…停電時間の低減に寄与

・配電線事故時の系統切替を考慮した高圧配電系統（多分割多連系方式）の構築…停電時間の低減に寄与

配電系統・設備の計画を知ろう！

3部

設備計画の基本的な考え方

設備計画には，将来の電力需要に対応した配電設備の適切な「拡充計画」，社会安全の確保などに対応するための「改良計画」，ならびに設備維持のための「修繕計画」の策定があります．

特に配電設備は，需要家の直近に設置される設備ですので，負荷の特性，需要密度，環境条件などを勘案して計画を策定することはもとより，既設の配電設備を最大限有効活用することによって，効果的かつ効率的な計画を策定することが重要になります．

6.6 kV 高圧配電系統においては単一の設備事故の場合に，事故区間を除く健全区間に対して，短時間に電力供給を回復できることを基本的な考え方とします．また，22 kV 配電系統においても考え方は同様であり，系統構成の特徴を考慮して，短時間に事故復旧が可能となるような計画を策定します．

負荷の特性把握

1．負荷率

需要家の使用する電力は一般に時々刻々変化しており，曜日や季節によっても変わります．この変化を，時間を横軸に取って図示したものを「負荷曲線」と呼びます．また，負荷曲線における最大値をその期間中の最大需要電力といいます．この最大需要電力に対するその期間中の平均需要電力の割合を「負荷率」といいます．

負荷率は次式で算出されますが，式における「ある期間」（「その期間」）は任意に設定すればよく，その設定期間によって，「日負荷率」，「月負荷率」，「年負荷率」などと呼びます．

$$負荷率=\frac{ある期間の平均需要電力[kW]}{その期間の最大需要電力[kW]}\times 100\ [\%]$$

負荷率は電力供給設備の利用度の参考となる指標で，期間中の負荷が一定の場合は平均電力と最大電力が等しくなるので負荷率は100％となり，利用度が最も高いことになります．これに対して，ある時間帯でピークが立つような，短時間のみ高い需要電力を示す負荷曲線ほど負荷率は小さくなり，設備の利用率が低いことを意味します．日負荷曲線の例と負荷率の関係を**図1**に示します．

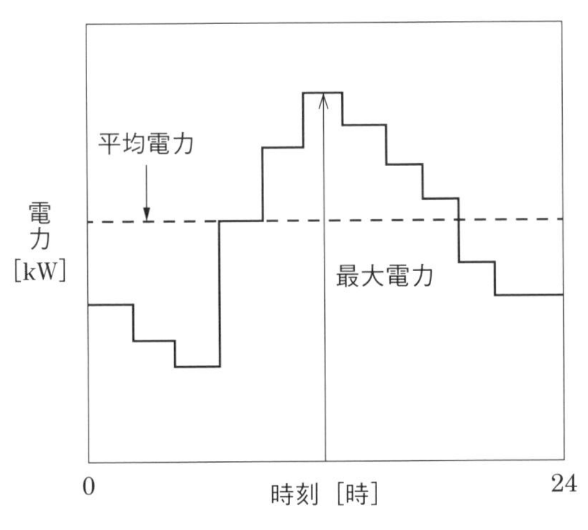

図1　日負荷曲線の例と負荷率

2. 需要率

需要家の最大需要電力は負荷設備の合計容量よりも小さくなることが一般的です（それが大きくなってしまう状況は「過負荷」ということになります）．この設備容量に対する各負荷を総合したときの最大需要電力の割合を「需要率」と呼び，次式で算出されます．

$$需要率=\frac{各負荷を総合したときの最大需要電力[kW]}{全設備容量[kW]}\times 100[\%]$$

一般に個々の設備の稼働には時間的なずれがあり，最大需要電力が発生する時刻も異なります．この結果，数多くの負荷が重なるほど需要率は小さくなる傾向にあります．

3. 不等率

例えば，需要家のグループ，柱上変圧器のグループ，高圧配電線のグループなどを考えたとき，同じグループの負荷群において，各々の負荷の最大需要電力が同じタイミングで発生することは珍しく，一般には時間的なずれがあります．したがって，各々の最大需要電力の和は，その群のトータルの最大需要電力よりも大きくなることが一般的です．各負荷を総合したときの最大需要電力に対する負荷，それぞれの最大需要電力の和の割合を「不等率」といいます．

$$\text{不等率}=\frac{\text{負荷各個の最大需要電力の和}[\mathrm{kW}]}{\text{各負荷を総合したときの最大需要電力}[\mathrm{kW}]}$$

日負荷曲線の例と不等率の関係を**図 2** に示します．

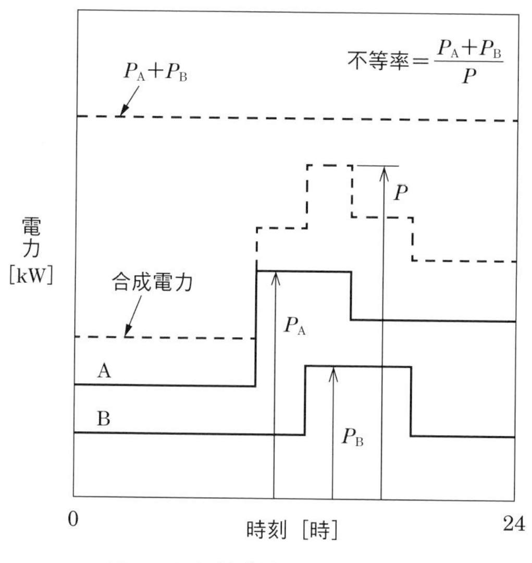

図2 日負荷曲線の例と不等率

電力需要の想定

1. 需要想定の目的と内容

配電設備の計画は，将来の電力需要をベースに検討されます．電力需要の想定は，配電設備の計画のほか，発電所や送電線等の計画，燃料の調達計画，収支計画など，経営判断上の重要な根拠となります．また，設備形成に長期間を要し，膨大な資金を必要とするなどの理由から高い精度が求められます．

今後の電力需要の見通しとしては，景気低迷の継続や少子高齢化による電力需要の伸びの鈍化が一層顕著となる可能性がある一方で，電化の推進や電気自動車の普及，データセンターの増加などによる電力需要の増加が予想されます．このように，社会全体が将来どのような方向へ推移しそうか（マクロな視点）を大まかにでも把握しておき，そのうえで次に述べるミクロな視点で想定を行います．

マクロな需要想定としては，将来的な人口推移や住宅着工戸数，名目 GDP 成長率などの社会動静を勘案する必要があります．また，国の諸方策や企業の経営方針によっても電力需要は大きく変化する可能性がありますので，それらの動向をできる限り調査・確認して需要想定を行うことが重要になります．

配電設備の計画に用いる電力需要の想定は，電力会社全体の規模に比べると，限られた小さなエリアを対象とした想定になります．また，配電設備は需要家の利用形態に合わせて計画しなければなりませんので，可能であれば需要想定も電灯，業務用電力，小口電力，大口電力など利用形態ごとに行うと精度向上が期待できます．

2. 需要想定の手法

電力需要の予測に当たっては，想定の目的とする量が年度推移も含めた別の量と関連する状況を把握する必要があります．2 つ以上の量の関連を評価する手法としてよく用いられる手法に相関係数があり，相関係数の絶対値が 1 に近いほど強い相関があることを示します．需要想定に関係するもののうち，例えば，GNP と電力量，住宅着工軒数と電灯新設申込量などは強い相関をもつ組み合わせといわれます．

観測データをある曲線（方程式）で表現しようとする場合，各観測データと曲線上の点との間に差異を生じますが，この差異が最も少なくなるように曲線を当てはめる方法が最小二乗法です．この方法で時系列データに曲線を当てはめることにより，将来の値を予測することができます．

需要想定に当たっては，トレンドデータなどの基本的な傾向が，季節の変動要素やノイズによって隠されてしまい，わかりにくいこともあります．この場合は，移動平均法により，原データの 1 つ 1 つの値をその値自身と，そのすぐ前後にあるいくつかの値の平均値に置き換えることで，原データ中の不規則変動を除外することも 1 つの方法です．

3. 小さなエリアの需要想定

配電設備計画においては，配電線やその区間といった比較的小さいエリアにおける負荷を想定することになりますが，小エリアの需要想定は，マクロな想定と異なる事情が多いことが一般的です．

例えば，検討対象の地域に大規模な高層マンション群や工場，スマートシティなどが建設されると電力需要が一気に増えることになりますが，そういった地域の個別動静に合わせた需要想定も重要です．一般に，電力需要の変動は小エリアにおいては急激に立ち上がり，比較的短期間で飽和し安定する S 型カーブになることが多いといわれています（**図 3** 右）．また，個々の大口需要の影響が大きく，トレンドデータに滑らかさを欠くこともよく見られます．

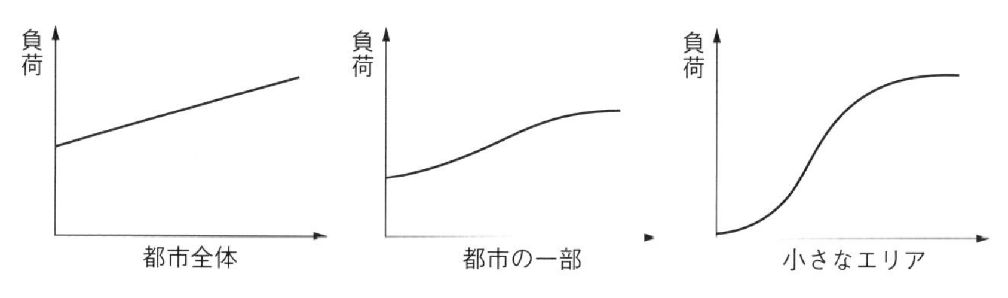

図3　検討対象エリアの大きさ別の負荷の推移イメージ

国レベルでは経済関係の指標が整備され，これらの将来予想もある程度可能ですが，小さなエリアではこのような指標による需要予測は困難です．このように小エリアの需要想定はトレンドからの想定が難しく，また関連指標からの想定も困難であり，一般のマクロ想定手法によっては正しい想定を得ることは難しいと考えられます．そこで小エリアの需要想定に当たっては，大口の需要や大型の地域開発などの個別動向をできる限り収集し，これにトレンドによる想定などを併用して決定し，必要に応じてより大きなエリアの想定によって全体を調整するといった手法が一般的です．

昨今はスマートメーターの設置が進みましたので，電力会社は必要に応じて各需要家の負荷曲線を把握することができます．したがって，負荷曲線や最大電力の想定精度は以前よりも向上し，配電設備の最適容量の選定が可能になることが期待されます．

表 1 に契約種別ごとの需要想定手法の一例を示します．

表1　契約種別ごとの需要想定手法の一例

契約種別	需要想定の手法・勘案すべき事項	留意点
電　　灯	電灯需要の実績推移から増分需要を想定 ・人口，世帯数の推移との関係 ・大規模マンション建設計画の把握 ・電灯1口当たりの使用電力量の推移 ・人口1人当たりの使用電力量の推移	・地域別の大きな傾向
業務用電力	当該需要の実績推移から増分需要を想定 ・500 kW 以上および 500 kW 未満など需要規模に分けて想定 ・大型ショッピングモールなどの進出，駅前再開発などの動向把握	・業種別傾向の推移
小口電力 （低圧・高圧）	当該需要の実績推移から増分需要を想定 ・産業別動向（一次・二次・三次）および業種別動向の把握 ・新規工業団地の進出などの動向把握	・大企業の進出などにともなう関連企業の動向
大口電力	当該需要の実績推移から増分需要を想定 ・産業別の動向分析と把握 ・需要家情報による個別想定 ・工業団地の進出などの動向把握	・産業構造の変化
合　　計	契約種別ごとの想定を積み上げ ・GNP（国民総生産），国民所得との相関など	・大型プロジェクトの有無

配電の品質

電力系統から需要家に供給される電力の質の程度は，一般的には次のサービス要素によって示されます．

・電力を継続して供給することができる度合
・電圧を規定値通り維持することができる度合
・周波数を規定通り維持することができる度合

電力の品質は極力向上させることが望ましいですが，そのためには設備投資が必要になり，最終的に電気料金が高くなる可能性も考えられます．したがって，現実には一定のサービスレベルを設けて，設備投資と受益者（需要家）が享受するメリットと料金負担などとのバランスを図ることが必要になります．

1．供給信頼度

(1) 供給信頼度の必要性

電力会社によるこれまでの電力系統の拡充，設備の機能維持や改良などの注力の結果，作業停電や設備事故による停電はいずれも大幅に減少し，需要家は日常生活において停電を意識しないで生活できる状況になっています．

しかし電力は，あらゆる分野で利用され，市民生活や企業活動に密着しているため，電力供給の信頼性向上に対する期待は引き続き極めて高いといえます．したがって，配電系統を構成する多種多様な設備の信頼性は一体どういう状況にあるのかを定量的に表し，管理するための指標が必要となります．

(2) 供給信頼度の定量的表現（指標）

配電系統は面的な広がりを有し，多数の需要家が混在するので，個々の需要家についてある期間の電力供給支障量を個別に把握してその供給信頼度を算出するといったアプローチは現実的には困難といえます．

そこで，例えば，高圧配電線，配電用変電所あるいは電力会社の事業所などのあるエリア内において，1 需要家が 1 年間に被った平均的な電力供給支障の大きさ，すなわち「1 需要家当たりの年平均停電回数」と「1 需要家当たりの年平均停電時間」が供給信頼度の代表的な指標として，次のように定義されています．

$$\cdot\ \begin{matrix}\text{1需要家当たりの}\\ \text{年平均停電回数}\end{matrix} = \frac{\Sigma(\text{停電需要家軒数})}{\text{全需要家軒数}}\quad[\text{回}/(\text{年}\cdot\text{軒})]$$

$$\cdot\ \begin{matrix}\text{1需要家当たりの}\\ \text{年平均停電時間}\end{matrix} = \frac{\Sigma(\text{停電需要家軒数}\times\text{停電時間})}{\text{全需要家軒数}}\quad[\text{分}/(\text{年}\cdot\text{軒})]$$

(3) 供給信頼度の向上方策

電力系統の設備計画に当たっては，個々の機材の信頼度を向上させることはもちろんのことですが，万一の単一設備事故時にも設定した目標レベルの信頼度を確保できる系統構成とする必要があります．

送変電系統に事故が発生して停電となった場合は広範囲の停電となり，社会的影響が非常に大きいので，電源・送変電系統は，

・基幹送電系統のループ化

・送電線の 2 ルート化

・変電所の 2 方向電源化

・高信頼度母線方式の採用

などの対策を検討し，供給信頼度の確保が図られています．また，配電用変電所およびその電源送電線事故時の信頼度は，多分割多連系方式によってネットワーク化されている高圧配電線による負荷切替による対応が考慮されています．

配電系統は，配電用変電所から需要家引込口までの電力ネットワークであり，一般的に新規発生需要に対してその都度新たに設備を建設していくため，線路形態は地域の需要形態に合わせて放射状となることが一般的です．このような系統の供給信頼度を効果的に確保するために，

① 高圧配電線路の途中に開閉器を設置して，高圧配電線を「区間」に分割します．

② ①で分割された「区間」に対して，隣接する高圧配電線との間に「連系線」を設置します．

すなわち，①事故発生箇所を含む永久停電範囲の縮小化を行い，②事故区間以外の「健全区間」に対しては，隣接する高圧配電線から供給応援を行うことによって供給信頼度の向上を図っています（**図4**）．

2. 電圧

(1) 電圧の基準

供給電圧の変動は，需要家が使用する機器の性能，ひいては需要家の日常生活や事業に大きな影響を及ぼします．例えば，電気機器は，定格電圧で使用されるときにその性能を最も発揮でき，±10％を超えるような電圧変動は悪影響を与えると考えられます．

電圧の基準については，電気事業法第二十六条，電気事業法施行規則第三十八条（電圧及び周波数の値）が定める規定により，電力の供給地点における基準値と許容変動幅が**表2**のように定められています．電力会社では，通常この値を目標に，電圧調整装置や調相設備などによる電圧維持対策を行っています．なお，電圧に関する法律による規定は低圧のみとなっており，高圧については各電力会社の社内ルールによって管理されています．

電力会社では，すべての需要家に対して上記の標準電圧の範囲内で供給するために様々な対策を実施しています．例えば，

・負荷の増減に応じて配電用変電所の送り出し電圧や変圧器2次側の母線電圧を制御

・高圧配電線，柱上変圧器，低圧配電線，引込線に電圧降下の配分を設定・管理し，必要に応じて各設備を増強

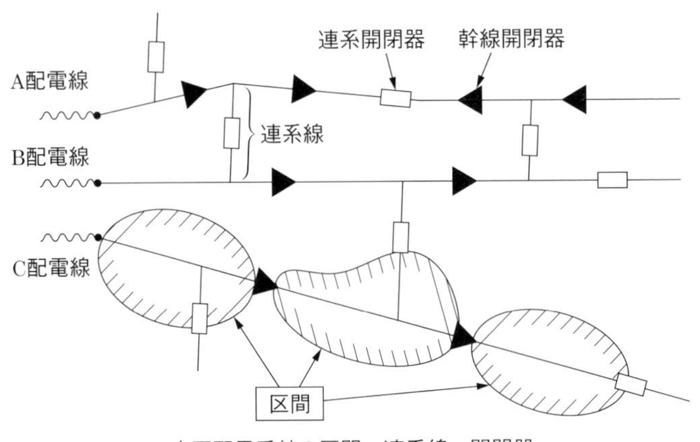

高圧配電系統の区間，連系線，開閉器

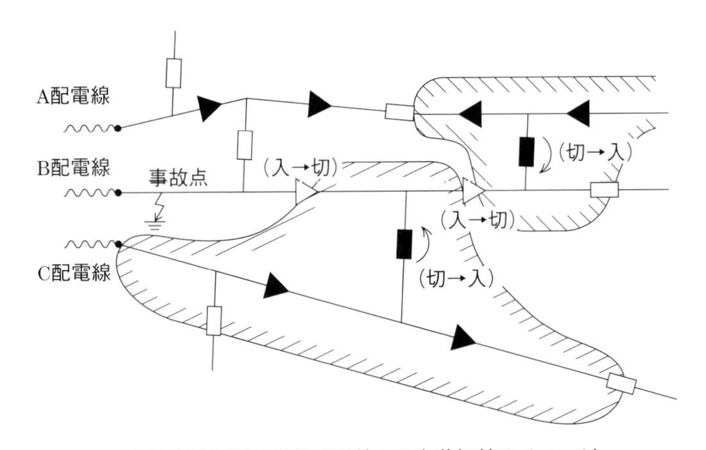

B配電線事故時の隣接配電線への負荷切替のイメージ

図4　高圧配電系統の区間，連系線，開閉器（上）とB配電線事故時の隣接配電線への負荷切替のイメージ（下）

表2　標準電圧値

標準電圧	維持すべき値
100 V	101 V ± 6 V を超えない値
200 V	202 V ± 20 V を超えない値

出典：経済産業省「電気事業法施行規則」（令和6年4月1日施行）より作成

・高圧配電線に自動電圧調整器を設置
・柱上変圧器内部のタップを適切に設定

するなど，配電設備の計画，設計，運用などのあらゆる場面で電圧の調整・管理が行われています．

(2) 電圧調整

配電系統を構成する高圧線，低圧線，変圧器，引込線のいずれか特定の部分において電圧降下の対策を施すことは，投資面でも電圧管理面でもあまり得策ではありません．そこで，配電系統の各部分における電圧降下の合計値を概ね一定とする条件で，最も経済的な電圧降下配分を定め，配電用変電所の送り出し電圧の調整，変圧器のタップ管理および高圧線の自動電圧調整器の設置などをバランス良く組み合わせて適正電圧を維持できるようにしています．

3. 周波数

電力系統における周波数変動には，供給力の不足により長時間継続して周波数が管理値から外れるケースと，周波数調整力の不足により短時間外れるケースがあります．一般に電気器具は，0.3 Hz 程度までの周波数変動であれば使用に支障はないとされています．実際は，周波数調整容量の確保，高性能な自動周波数制御装置の導入，ならびに 50，60 Hz の常時連系をはじめとする電力会社間の連系強化により，周波数変動は 0.1～0.2 Hz 程度となっているのが現状です．

周波数は，電圧とならんで電力の品質確保における最重要ファクターですが，配電系統よりも上位の電力系統で監視・制御されていますので，配電系統や配電設備で個別の対策をとることは通常はないと考えてよいです．

上記のほか，配電系統の品質向上のためには，高調波，フリッカ，瞬時電圧低下といった事象に対する対策が必要ですが，本書では説明を省略します．

経済性評価

1. 経済計算の基本的な考え方

配電設備計画では，供給力の確保，適正電圧の維持，供給信頼度の向上などを目的とした対策を計画します．これらの調和を図り，電力需要の増加および地域実態に応じて最小の投資で最大の効果を上げることが大切です．そのためには中長期的な観点での経済性評価が必要です．

配電設備の特徴として，個々の設備は小規模であるのに比べ，その量は極めて膨大です．したがって，配電設備の計画に当たり，1つ1つの設備について個別に検討することは現実的でありません．

一方，配電用変電所の新設にともなう配電線新設など，配電分野としては大型の工事については，個々の計画案についてその経済性を比較検討し，優先順位を決めることが必要です．経済計算は，このような経済比較を行うためのものであり，対策を決定するために必要な情報の提供を目的としています．ただし，経済計算はお金に換算することができる効果と投資額しか計算要素に含めることができませんので，最終決定を行う際には，お金の価値では測れない要素の有無も確認すべきと考えられます．

2. 経済計算の種類

経済性評価に使われる経済計算の代表的な方法は，次のようなものがあります．

① 原価比較法：生産コストを比較してコストの低いものを選択する方法．

② 回収期間法：投資額を回収し得る期間の長短を経済性評価の尺度とするもの．

③ 投資利益率法：投資とそれによって発生する収益との関係から投資の収益性を経済性評価の尺度とするもの．

④ EE法（Engineering-Economy法）：利子の概念を導入し，価値の変化を考えた割引をして，毎年の費用あるいは現在価値での比較をする方法．

電気事業用の設備は一度投資されると長期にわたって使用されることが一般的です．したがって，投資時点のみの経済比較では適正な評価が行えませんので，長期にわたった経済性評価が必要になります．この方法は，長期的な貨幣価値の変化として利子の概念を導入したものです．

配電設備計画

1. 配電設備計画の基本的な考え方

配電設備の計画は，電力需要の増加に対応した供給設備の適切な拡充および増強計画を策定するものです．そのために，

- 供給力の確保
- 需要家へのサービスの確保
- 地域社会環境との調和

・適切な投資

などを前提として，将来における環境条件の変化や技術開発に対する十分な見通しの基に計画を策定します．特に配電系統は需要家と直結した流通設備であるため，地域の諸特性（需要構成，負荷密度，環境条件）を十分考慮して計画するほか，既設設備との協調を図り，その有効活用による効率的な計画を策定することが重要になります．

(1) 供給力の確保

供給力の確保とは，電力需要の増加に対処し得る設備形成を図ることです．すなわち，検討対象地域における配電設備量で長期的に電力需要に対処し得るように，配電用変電所や高圧配電系統の増強や，各設備の稼働の平均化を行うことです．

(2) 需要家へのサービスの確保

配電分野における重要なサービスは，適正電圧の維持，供給信頼度の向上（安定的な電力供給）です．

① 適正電圧の維持

需要家サービスの重要な要素である電圧については，電気事業法第二十六条，電気事業法施行規則第三十八条（電圧及び周波数の値）により，標準電圧に応じて，前出の表2の値を維持するよう規定されています．そのために，

a. 配電線路（高圧線，低圧線および引込線）の電圧降下を少なくするための設備強化

b. 配電用変電所の送り出し電圧の調整，変圧器タップ変更などによる電圧管理の強化

などにより需要家電圧の適正化を図ります．

② 供給信頼度の向上（安定的な電力供給）

供給信頼度の向上とは，停電時間をより少なく供給することです．そのために，

a. 設備事故の頻度を減少させるための設備強化

b. 停電時間短縮のための配電自動化システム導入および事故時の切り替えを考慮した多分割多連系方式の構築と配電系統の裕度確保

などの対策を行います．

供給信頼度の指標は，停電頻度，停電時間および停電の規模などです．

・停電頻度：1需要家当たりの年平均停電回数［回/年・軒］

・停電時間：1 需要家当たりの年平均停電時間［分/年・軒］および事故停電の復旧時間［分］

・停電の規模：単一事故によって発生した供給支障電力［kW］

(3) 地域社会環境との調和

配電設備は地域に密着して設置されますので，もしも配電設備に起因する公衆災害などが発生した場合は，地域社会に与える影響は非常に大きいものになります．したがって，都市再開発などの地域構造の変化，あるいは地域社会の配電設備に対する要請などに応じた設備形成を進める必要があり，設備事故の未然防止，安全確保のための条件整備，安全技術・工法の開発，地域環境と調和した機材の開発・適用，関連する企業との協調などが必要になります．

(4) 適切な投資

適切な投資とは，電力需要の増加および地域実態に対応し，長期的に最小の投資で最大の効果をあげることです．供給力の確保はもちろんのことですが，適正電圧の維持，供給信頼度の向上および地域環境との調和などを，総合的に最小の設備投資で確保することができる計画の策定が重要になります．

2. 高圧配電系統の拡充計画手法

地域供給用の電力設備として，配電用変電所と高圧配電系統は密接な関係がありますので，高圧配電系統の拡充を計画する際は，配電用変電所の拡充計画と整合を図りながら実施することが重要です．

(1) 拡充計画の手法

拡充計画の業務フローのサイクルの例を**図 5** に示します．

① 負荷実績の把握と想定

a. 負荷実績の把握

負荷実績は当該年度の最大負荷とし，高圧配電線の切り替えによる負荷の移動をした場合は，その修正値を把握します．

b. 最大負荷の想定

配電用変電所の変圧器（バンク）および高圧配電線の最大負荷は，当該年度の負荷実績を基に，長期需要想定の伸び率，個別大型負荷の動静などを考慮して想定を行います．

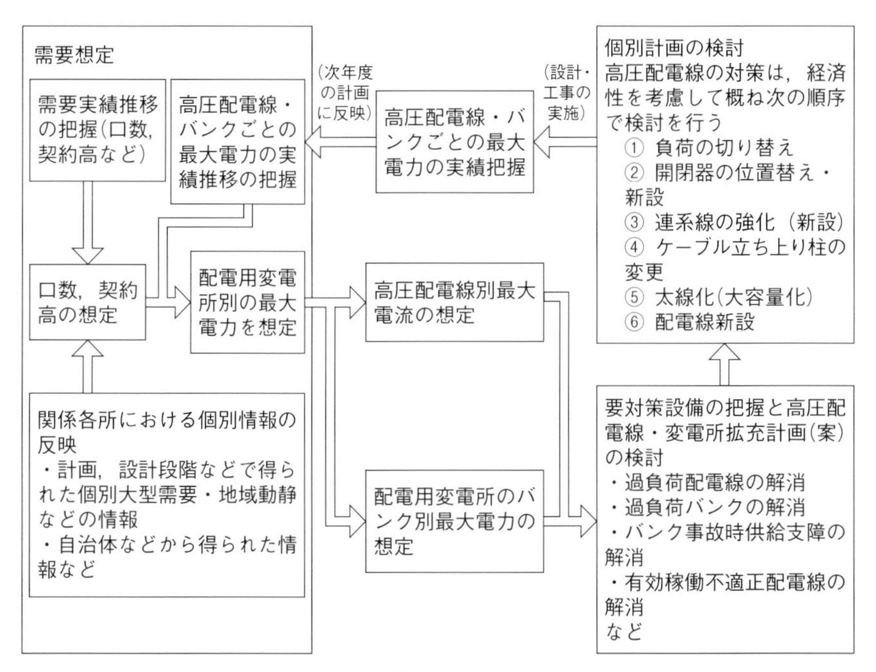

図5 拡充計画の業務フローのサイクルの例

② 設備実態の把握

a. 地域別設備実態の把握

地域別(変電所単位)に設備レベルの把握・評価を行い,要検討地域および個別に検討を要するバンク・高圧配電線を抽出します.

b. 上記に反映されない個別増強設備の把握

上記検討に反映されない以下の事項は,個別に設備の増強を検討します.

(ア)常時過負荷の配電用変電所変圧器や高圧配電線

(イ)事故時に供給支障が発生する配電用変電所変圧器や高圧配電線

③ 対策設備の決定

対策設備および対策方法は前述の「経済性評価」に留意し,極力投資効率の向上を図ります.具体的には,高圧配電系統の拡充計画は,一般に**表3**に示すような順位で検討します.すなわち,最初に検討すべきは,過負荷となりそうな高圧配電線の一部の負荷を,連系する隣の高圧配電線の区間に切り替える方法です(**図6**).

表3　高圧配電系統の拡充計画の検討順位の例

検討順位	対策の内容
①負荷の切り替え（図6参照）	高圧配電線の間の負荷がアンバランスの場合，負荷を現在の高圧配電線から隣接する高圧配電線へ切り替えることによって負荷の平均化を図る.
②開閉器の位置替え・新設	高圧配電線の間の負荷がアンバランスの場合，開閉器の位置替えや新設によって負荷の平均化を図る.
③連系線の強化（新設）	隣接する高圧配電線との間に連系線を新設し，負荷の一部を隣接する高圧配電線に切り替える．連系する配電線の選定に当たっては，配電用変電所の変圧器事故を考慮し，極力異なる変電所からの高圧配電線を優先する.
④ケーブル立ち上り柱の変更	高圧配電線の負荷の平均化を効率的に実施可能な場合，現在の配電線のケーブル立ち上り柱を別の電柱に変更する.
⑤太線化（大容量化）	電線，ケーブル，開閉器などの配電設備の容量アップにより，当該高圧配電系統の容量を増加させる.
⑥配電線新設	上記①～⑤の対策では，改善が見込まれない場合に適用する．一般に工事規模と対策工事費は，上記の対策よりも大きくなる.

3. 設備管理指標

適切な設備計画を行うためには，電力需要，設備，サービスの実態を客観的に把握・分析することが必要であり，そのためには定量的な指標が必要となります.

代表的な指標には，以下のようなものがあります.

・需要指標
・系統管理指標
・設備指標
・供給サービス・信頼度指標

(1) 需要指標

電力需要は設備計画のベースとなるものであり，指標としては，需要密度，需要の伸び率などがあります．需要密度（単位：kW/km^2）は，電力供給対象エリアの最大需要電力（特別高圧分を除く）を，対象エリアの面積（山林，道路，特別高圧需要家エリアを除く）で除したものです．人口密度と同様に，都心部で大きく，郡部で小さくなります.

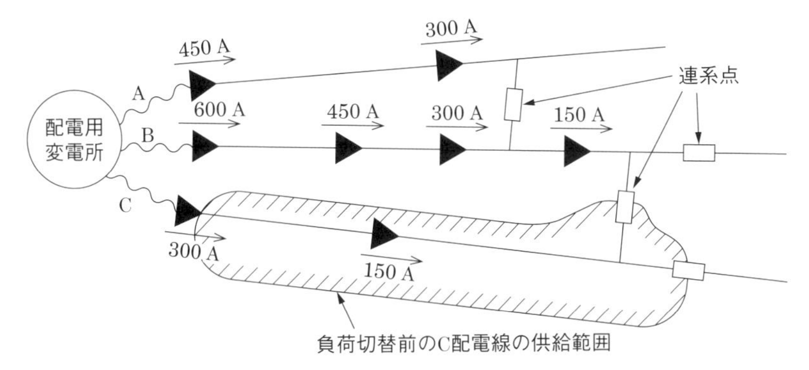

高圧配電線A，B，Cにおける負荷切替前の状態
（B配電線において常時容量である450 Aを超過する600 Aが流れている）

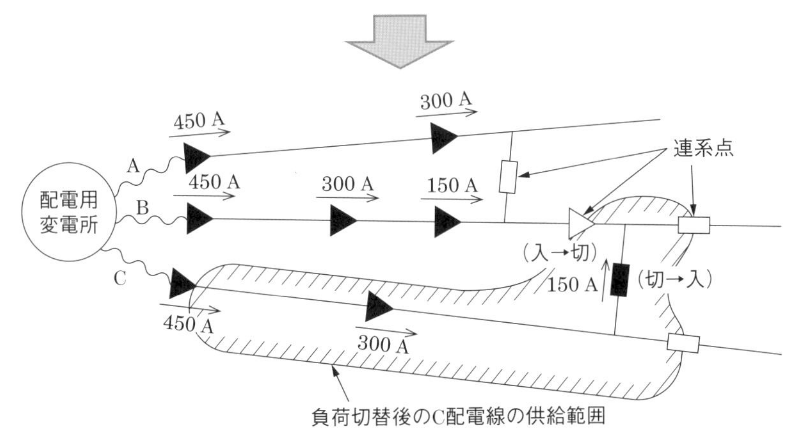

高圧配電線A，B，Cにおける負荷切替後の状態
（B配電線の負荷150 AをC配電線に切り替え，3配電線の負荷電流を均平化した）

図6　高圧架空配電系統の負荷切替対策の例

$$需要密度=\frac{その区域の最大需要電力（除く特別高圧）}{その区域の有効面積（除く山林，道路，特別高圧需要家区域）}$$

(2) 系統管理指標

配電用変電所，高圧配電線など配電系統の稼働状況を把握するものであり，通常時の稼働率とともに，事故時の切り替えを考慮した稼働率についても指標があります．この内容は配電系統の理解のために大切ですので，以下に詳しく説明します．

① 系統構成に対する基本的な考え方

高圧配電線は，配電用変電所から需要家の引込口までの電力流通設備です．したがって，配電線路は新規に電力需要が発生する都度，設備を新設していきますので，その地域の電力需要の分布に整合して放射状になっていることが一般的です．また，高圧配電線には，配電線事故発生時の事故（停電）区間の縮小化と，健全区間への逆送により早期復旧を図るため，下記の開閉器を設置することが標準となっています．

・「幹線開閉器」：配電線の幹線を適当な区間に分割する開閉器

・「連系開閉器」：分割された区間ごとに隣接配電線から送電するための開閉器

すなわち，高圧配電系統は幹線開閉器によっていくつかの区間に分割され，その各区間は，隣接する他の高圧配電系統と連系線（連系開閉器）により連系されています．そして高圧配電線の事故発生時は，健全区間は連系線（連系開閉器）を通して隣接する高圧配電線に切り替えが可能な，いわゆる「多分割多連系」方式（**図7**）を採用しています．

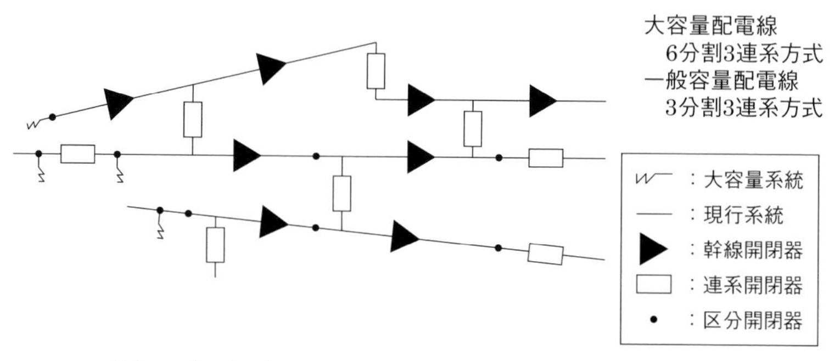

図7　高圧架空配電系統の多分割多連系方式のイメージ
出典：東京電力パワーグリッド(株)

多分割多連系配電線は，隣接する配電線の事故発生時に連系線を通して「隣接区間」の負荷を取り込みますが，事故時の負荷切替の際は，当該配電線の許容電流を超過しないようにする必要があります．しかし，すべての配電線が常に負荷を取り込める余力を確保しているとは限らず，負荷の増加により一部の配電線については切り替えが不可能な区間を有する場合もあり得ます．したがって，高圧配電線の稼働率は，常時稼働率のほかに，高圧配電線事故時の負荷切替を考慮した稼働率（これを「有効稼働率」といいます）についても把握しておく必要があります．

② 常時稼働率

常時稼働率は，高圧配電線の負荷電流が常時許容電流を超過しているか否かを判別するものです．

$$常時稼働率=\frac{配電線負荷電流(常時)}{常時許容電流}\times 100\,[\%]$$

上式における分母の常時許容電流とは，当該高圧配電線の幹線の常時容量を意味します．すなわち，東京電力パワーグリッドの場合を例にとると，**表4**の太枠内がその値となります．

表4 高圧配電線の幹線容量の例

種別			幹線容量	
			常時容量（A）	短時間容量（A）
架空系統	大容量配電線	自動化	510（530※1）	600
		その他	450	600
	一般配電線	アルミ配電線	270	360
		銅配電線	230	300
全地中系統	大容量配電線	自動化※2	480	600
		その他	400	600
	一般配電線		260	400

注）※1 530 A 運用は太陽光逆潮流で，低圧未連系量の把握が可能な配電線に限る．
※2 以下の条件を満たす場合に採用する．なお基本系統構成は 4 分割 2 連系（多段切替），又は 4 分割 4 連系とする．
・事故時多段切替をループ切替にて可能な配電線．
・常時容量 400 A と 480 A を比較し，効率的かつ効果的な設備形成が図れること．

出典：東京電力パワーグリッド(株)

③ 有効稼働率

有効稼働率は，隣接する高圧配電線の事故発生時に行う負荷切替を考慮した指標です．配電線の「短時間許容電流」に対する「常時負荷電流＋連系区間の最大負荷電流」の割合で定義され，高圧配電線事故発生時の切替可否を判別する指標です．

短時間許容電流とは，その継続時間と頻度が極端に大きくなければ流すことができる電流値のことで，常時許容電流よりも大きくなりますので，その継続時間は一般に数分から数時間程度に制限されます．高圧配電線路における電気事故により他配電線路から電力を融通する場合において，融通元の配電線では，融通先の分の負荷電流も流れることになり，常時許容電流以上の電流が流れる可能性もありますので，これを常時でなく短時間であれば許容する考え方です．

$$\text{有効稼働率} = \frac{(\text{配電線負荷電流(常時)} + \text{連系する幹線区間の最大負荷電流})}{\text{短時間許容電流}} \times 100\,[\%]$$

上記の有効稼働率が 100 %以下の場合は，その高圧配電線は，事故時の切替負荷を吸収できる裕度があることを意味します．

検討対象地域における高圧配電系統の裕度を考える場合，有効稼働率が 100 %以下の配電線は，当該地域における高圧系統の中で裕度をもった配電系統とみなすことができます．したがって，各地域間の高圧配電線の裕度を比較する場合は，その地域の全配電線数に対して裕度のある配電線の割合（＝適正配電線率）によって比較が可能となり，裕度をもつ高圧配電線が少ない地域の配電線拡充計画を優先するなどの判断材料とすることができます．

④　適正配電線率

有効稼働率≦100 %の高圧配電線を適正配電線，有効稼働率＞100 %（事故時の切替不可能な配電線）の高圧配電線を不適正配電線と考え，検討対象地域の全高圧配電線数に対する適正配電線数の割合を「適正配電線率」とすると，対象地域における高圧配電系統の裕度を測る指標となります．

$$\text{適正配電線率} = \frac{\text{有効稼働率が100\%以下の配電線数}}{\text{全配電線数}} \times 100\,[\%]$$

(3) 設備指標

配電系統における主要設備に関するデータベースにおいて，設備の製造年（設置年）等が管理されている場合は，設備の経年状況がわかります．これにより，拡充工事と同時に経年設備の取替工事を効率的に実施したり，また，ある年度に設備の取替工事が集中しないよう，年間工事量を平均化した計画的な改良工事を実施することができます．

(4) 供給サービス・信頼度指標

供給する電気の質のレベルを把握する指標で，需要家電圧適正率，前述の供給信頼度指標などがあります．

4．低圧配電系統の拡充計画（需要増・過負荷対策）

ここでは，現在最も一般的に使用されている100 V/200 V 低圧配電線と柱上変圧器の拡充計画について説明します．

一戸建ての住宅やアパート，小型店舗や工場などが建設されると，需要家（実際には電気工事店）から電力会社に電灯や動力の新規供給申し込みがなされます．このときに契約容量として「○○ A」や「○○ kW」といった情報が提供され，電力会社の受付窓口から技術方に送付されます．

技術方は，まず上記の新規申し込み場所付近の既設配電設備を確認します．そして，直近の柱上変圧器や低圧配電系統を流れる負荷電流，そのときの受電点における電圧降下等を試算し，既設の低圧配電設備に手を加えないで送電可能かどうかを検討します．

検討の結果，もし柱上変圧器や低圧配電線が過負荷になったり，受電点における電圧降下が過大となって前述の標準電圧を維持できない見通しを得た場合は，新たに変圧器を設置して，新たな低圧配電系統を構築する等の拡充工事を計画します．

5．配電設備の取替・修繕計画（経年対策等）

既設設備の経年劣化や不具合等が確認された場合は，それらの設備のリプレースや修繕計画を検討することになります．前述の供給信頼度を維持・向上するためには，設備を適切な時期に更新・修繕し，設備事故の発生を未然に防止することが重要になります．

設備更新の適切な時期を検討するに当たっては，設備の劣化状態とともに，拡充工事の工事量との調整や工事量の均平化についても考慮する必要があります．設備更新を実施するに当たっても，単純に同じ設備に更新するのではなく，将来の需要動向や近傍の既設設備の状況もふまえた更新計画の検討が重要になります．

また，昨今はコンピュータの性能が大幅に向上したので，以前は難しかった設備量が膨大な配電設備についてもその設備情報をデータベース化し，活用できるようになりつつあります．これらのデータを活用・分析してより高い精度で設備の取り替えや修繕時期を想定できると，より少ない費用で電力の供給信頼度を維持・向上することが可能になるものと期待されます．

配電設備の設計・建設を知ろう!

配電設備の設計とは？

電力会社に需要家から新規の電力供給（低圧や高圧）の申し込みがあると，その契約希望電力（A や kW）の大きさをふまえて，電力供給に必要となる配電設備の新設や増設のための設計が行われます．

また，新規の電力供給申し込みとは別に，高圧配電線や柱上変圧器などの配電設備が近々に過負荷になりそうな場合や，既設の配電設備が通行や道路工事の支障になるので移動してほしいという要望を受けた場合，そのほか安全上何らかの措置が必要な場合に，配電設備の拡充や移設，取り替え，修繕などの工事をどのように行うか検討し，その工事内容を図面化することが配電設備の設計です．

表 1 に，設計を行うことになる主な配電設備の工事の例を示します．

表1　配電設備の工事の例

大分類	中分類	小分類
拡充工事	供給	低圧供給，高圧供給
	供給力確保	配電線新設，高圧太線化（大容量化），変圧器増強，低圧太線化，配電管路（引出用，橋梁添架）など
改良工事	信頼度対応	配電自動化，長時間供給支障対策など
	機能維持取替	支持物取替，変圧器取替，開閉器取替など
	移設	道路管理者・地権者要求移設など
	配電線地中化	自治体管路，C. C. BOX など
	都市化対応	消防対策，通行路確保，離隔確保など
	安全対策	経年ケーブル改修，ルート改修など

配電設備の設計に必要な基礎知識（電気的・機械的）

配電設備の設計に当たり，基礎となる電気的・機械的知識について，以下に説明します．

1．電気的計算のための基礎知識

一般に配電線路には高圧・低圧の負荷が分散して存在し，各種の電気方式が採用されていますので，電気的計算の代表例である電圧降下や電力損失を厳密に計算しようとすると複雑になります．そこで，**表2**に示すように代表的な負荷分布の形を考え，これらについて，あらかじめ計算した結果から得られる「分散負荷率［%］」や「分散損失係数［%］」を用いて電圧降下や電力損失の概算値を得る方法がとられることが多いです．

表2　配電線の代表的な負荷分布の形と分散損失係数
（図の左側を送電端，各負荷分布における電線の太さは一定とする）

配電線における負荷分布の形		分散負荷率［%］	分散損失係数［%］
① 末端集中負荷		100	100
② 平等分布負荷		50	33（1/3）
③ 末端ほど負荷が大きい分布		67（2/3）	53（8/15）
④ 送電端ほど負荷が大きい分布		33（1/3）	20（1/5）
⑤ 中央ほど負荷が大きい分布		50	38（23/60）

(1) 電圧降下

配電線路に負荷電流が流れると，送電端電圧と受電端電圧との間に差が生じます．この電圧の差を「電圧降下」といいます．

① 電圧降下の計算

以下に，代表的な 3 つの例について計算方法を説明します．

a. 末端集中負荷（表 2 における①のケース）

図 1 上のように末端に負荷が集中している回路（配電線）に負荷電流が流れると，電線のインピーダンスにより電圧降下を生じます．これは電線の抵抗（R）による電圧降下とリアクタンス（X）による電圧降下をベクトル的に合成したものになります．抵抗による電圧降下は負荷電流の位相と同相であり，リアクタンスによる電圧降下は負荷電流より位相が 90 度進みます．この関係を図 1 下のベクトル図に示します．

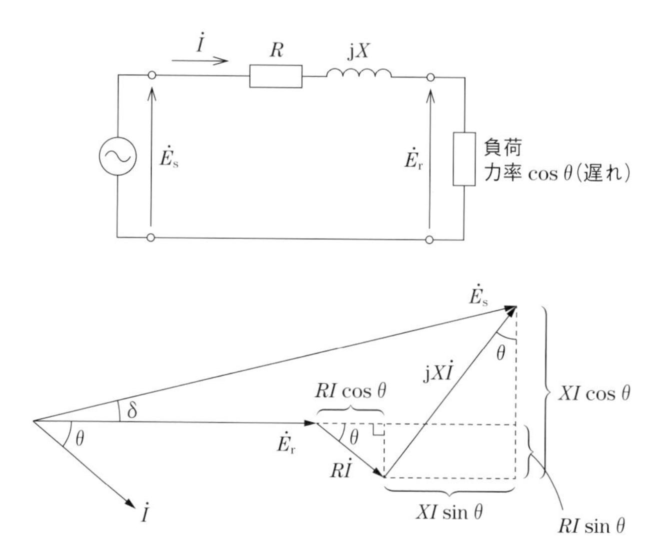

図 1　末端集中負荷の場合の回路とベクトル図

図 1 下のベクトル図より，送電端電圧 E_s と受電端電圧 E_r の間の関係は，次式で表されます．

$$E_s=\sqrt{(E_r+RI\cos\theta+XI\sin\theta)^2+(XI\cos\theta-RI\sin\theta)^2}$$

ここで，

$$(E_r+RI\cos\theta+XI\sin\theta)^2\gg(XI\cos\theta-RI\sin\theta)^2$$

ですので，近似的に，

$$E_s\fallingdotseq E_r+RI\cos\theta+XI\sin\theta$$

が成り立ちます．したがって，電圧降下 e は，

$$\mathrm{e}=E_s-E_r\fallingdotseq I(R\cos\theta+X\sin\theta)$$

で求められます．

以上は，配電線1条当たりの電圧降下を示したものですが，線間電圧に対する電圧降下 v を表す場合は配電方式によって異なり，次式のようになります．

$$v=KI(R\cos\theta+X\sin\theta)$$

ここで，K は配電方式によって変わる係数です．すなわち，単相2線式の場合は $K=2$，単相3線式の場合は $K=1$，三相3線式の場合は $K=\sqrt{3}$ となります．

本計算式は，単独引込線の電圧降下の略算を行う場合などに使用されます．

b. 均等間隔平等分布負荷

次に，**図2** のように，同じ大きさの負荷が均等間隔で配電線に分布している場合を考えてみます．電線1条の単位長さ当たり等価抵抗を Z_e（$=R\cos\theta+X\sin\theta$）[Ω/m] とすると，電圧降下 ΔV は次のようになります．

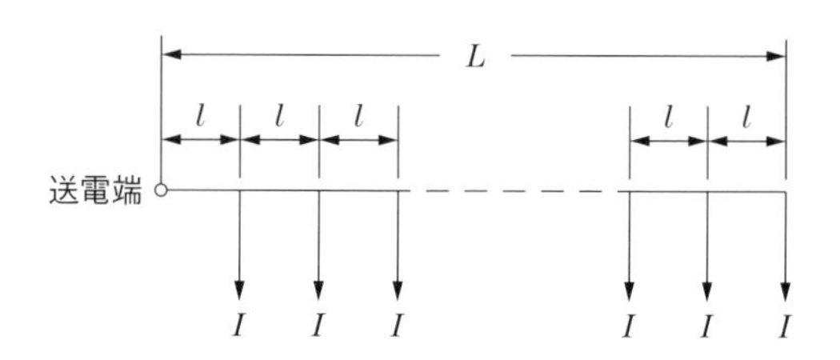

図2 均等間隔平等分布負荷

$$\begin{aligned}\Delta V&=K(IZ_el+2IZ_el+\cdots+nIZ_el)\\&=KIZ_el(1+2+\cdots+n)\\&=KIZ_el\times\frac{n(n+1)}{2}\\&=KIZ_eL\times\frac{n+1}{2}\,[\mathrm{V}]\end{aligned}$$

ここで，L：配電線の距離（$=l\times n$）[m]，I：各負荷点の電流 [A]，l：負荷点間の距離 [m] とします．

本計算式は，低圧線の電圧降下の略算を行う場合などに使用されます．

c. 平等分布負荷（表2における②のケース）

上記②の場合において，n を非常に大きくすると $n+1=n$ と考えることができます．このときの配電線路に沿った電流の推移は，**図3**のように，送電端の負荷電流 I_0 が直線的に減少していき，配電線路の末端（一番右側）でゼロになる形をとります．

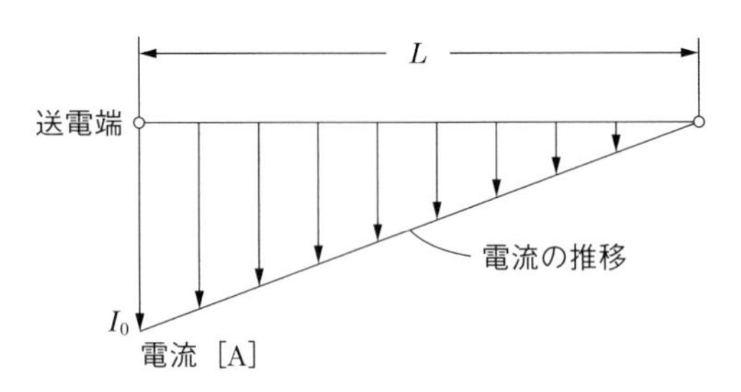

図3　平等負荷分布における電流の推移

このときの配電線の電圧降下は，上記のように n を非常に大きくしたので，前式の（$n+1$）を n に置き換えることができ，また，$n \times I = I_0$ より，

$$\Delta V = KI_0 Z_e L/2$$

となります．本計算式は，高圧線の電圧降下の略算を行う場合などに使用されます．

なお，上式の右辺分子の KI_0Z_eL は，①末端集中負荷の場合の電圧降下を表す式 $\Delta V = KI(R\cos\theta + X\sin\theta)$ の右辺と同等です．したがって，平等分布負荷の場合の電圧降下は，末端集中負荷の場合の 1/2 になることがわかります．また，これが表 2 において分散負荷率が 50 %となっている理由です．すなわち，電圧降下の計算に当たり，負荷分布の形が表 2 のいずれかに当たる場合は，末端集中負荷の電圧降下の計算結果に，その分布負荷の分散負荷率の値を乗じることで電圧降下を簡易的に求めることができます．

②　電圧降下率と電圧変動率

電圧降下の受電端電圧に対する百分率を「電圧降下率（α）」といいます．すなわち α は，

$$\alpha = \frac{E_s - E_r}{E_r} \times 100\,[\%]$$

と表せます．ここで，E_s：送電端の相電圧［V］，E_r：受電端の相電圧［V］です．

また，全負荷時の受電端相電圧に対する無負荷時の受電端相電圧の程度を「電圧変動率（β）」といいます．すなわち β は，

$$\beta=\frac{E_{r0}-E_r}{E_r}\times 100\,[\%]$$

と表せます．ここで，E_r：全負荷時の受電端相電圧［V］，E_{r0}：無負荷時の受電端相電圧［V］（受電端で線路を開放したときの電圧）です．

(2) 電力損失

配電線における電力損失には，主に線路の抵抗損（オーム損）および柱上変圧器の鉄損，銅損があり，その他の損失は無視できるものとされています．ここでは，配電線路における主な電力損失である抵抗損について説明します．

電力損失の計算

配電線路の抵抗損は，抵抗と電流の 2 乗に比例します．ここで，I を負荷電流［A］，r を電線 1 条単位長当たりの抵抗［Ω/km］，L を線路の亘長［km］，N を電線の条数（3 線式では $N=3$，2 線式では $N=2$）とすると，電力損失 W［W］は次式で表されます．

$$W=I^2rLN\,[\mathrm{W}]$$

現実には，配電線の負荷は広範囲に分布していますので，電力損失を上式で計算できる場合は少ないです．正確には配電線の各点における電力損失を計算し，これを累積（積分）して求める必要がありますが，計算が複雑になります．そこで，前述のように簡易な方法として，表 2 のように代表的な負荷分布の形を考え，次式を用いて計算します．すなわち，配電線の電力損失は，

$$W=I_0^2rLh$$

ここで，I_0：送電端の電流［A］，r：線路単位長当たりの抵抗［Ω/km］，L：線路の亘長［km］，h：分散損失係数［%］

分散損失係数は，末端集中負荷の場合の電力損失を 100 としたときの電力損失の割合（%）です．例えば，表 2 における②の平等分布負荷の分散損失係数は 33 % ですので，末端集中負荷の場合の電力損失の値に 1/3 を乗じて求めればよいことになります．

(3) 故障計算

① 地絡電流

地絡故障は，配電線路に樹木や動物が接触したり，雷などにより，がいしがフラッシオーバしたりすることによって電気が大地に流れる事象です．日本の

6.6 kV 高圧配電系統は，通常，非接地系であることから，ここでは非接地方式における地絡故障について述べます．

図 4 のような非接地式高圧配電系統において，一線地絡故障が発生した場合を考えてみます．ここで，V を線間電圧［V］，C を一線当たりの対地静電容量［F］とします．

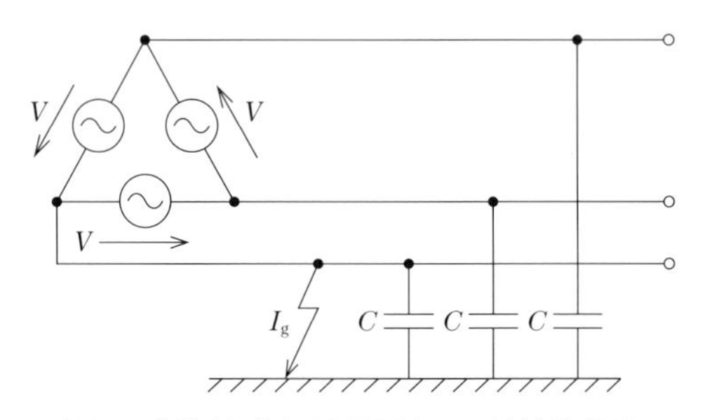

図 4　非接地式高圧配電線の一線地絡故障

この場合の故障計算は，図 4 の非接地式高圧配電系統を，簡易的に**図 5** のようなテブナン等価回路に変換して計算します．

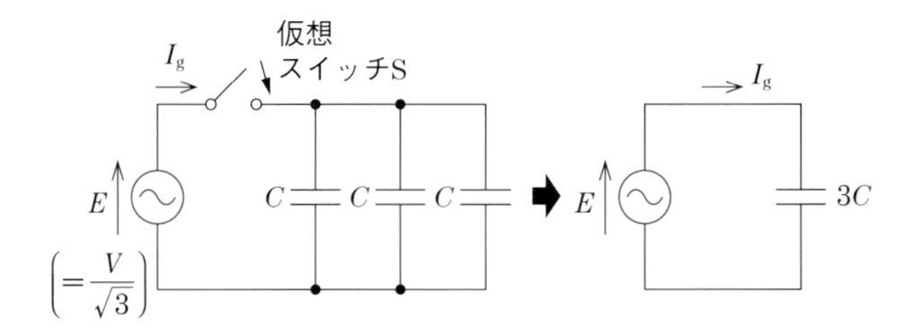

図 5　非接地式高圧配電線の一線地絡故障時のテブナン等価回路

まず地絡事故点において，「仮想のスイッチ S」を考えます．通常状態ではこのスイッチ S は開いており，一線地絡事故の発生時に閉じる（＝地絡電流 I_g が流れる）と考えます．仮想スイッチ S が開いているとき，すなわち通常状態では，この S には高圧配電線の一線と大地間の電圧である相電圧 E（$=V/\sqrt{3}$）［V］が現れています．また，仮想スイッチ S から高圧配電線路を見たとき，電源は短絡ですので，各相の対地静電容量 C が 3 個（三相分）並列に接続されていると考えます．

図 5 のテブナン等価回路における容量性リアクタンスを X_c［Ω］，周波数を f［Hz］（$\omega=2\pi f$）とすると，S が閉じたとき，すなわち一線地絡事故が発生したときに流れる電流 I_g の大きさは，

$$I_g=\frac{V/\sqrt{3}}{X_c}=\frac{V/\sqrt{3}}{1/3\omega C}=\sqrt{3}\,\omega CV\,[\mathrm{A}]$$

となります.

② 短絡電流

短絡故障は，短絡点においてインピーダンスがほぼゼロで電線同士が接触する事象です．短絡故障が発生すると，線路あるいは変圧器のインピーダンスを介して短絡電流が流れますが，一般に，これらのインピーダンスは小さいので，短絡電流としては非常に大きな値となります.

短絡電流の計算方法には，オーム法，%インピーダンス法，そしてある基準値を 1 として表す pu 法（単位法）があります．ここでは，オーム法と%インピーダンス法について説明します.

a. オーム法

オーム法は，オームの法則により，電圧とインピーダンスをそのまま使って計算する方法です.

・単相回路における短絡故障

図 6 のように電圧を E [V]，短絡点までの抵抗を R [Ω]，リアクタンスを X [Ω] とすれば，短絡電流 I_s の大きさは,

$$I_s=\frac{E}{Z}=\frac{E}{\sqrt{R^2+X^2}}$$

となります.

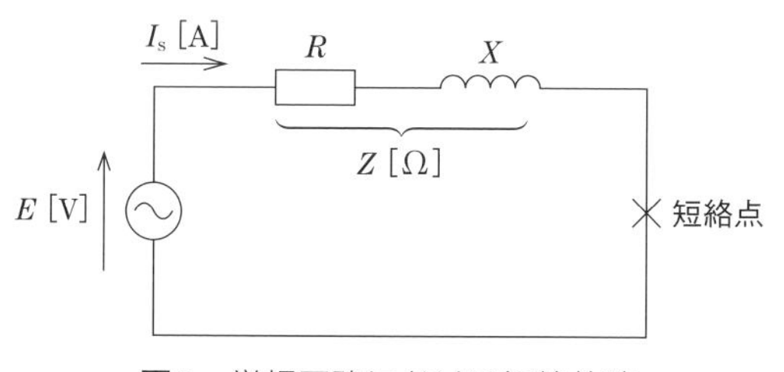

図6 単相回路における短絡故障

・三相回路における短絡故障

三相回路では**図 7** に示すように，線間短絡電流 I_{s1} の大きさは,

$$I_{s1}=\frac{V}{2Z}=\frac{\sqrt{3}E}{2\sqrt{R^2+X^2}}$$

となります.

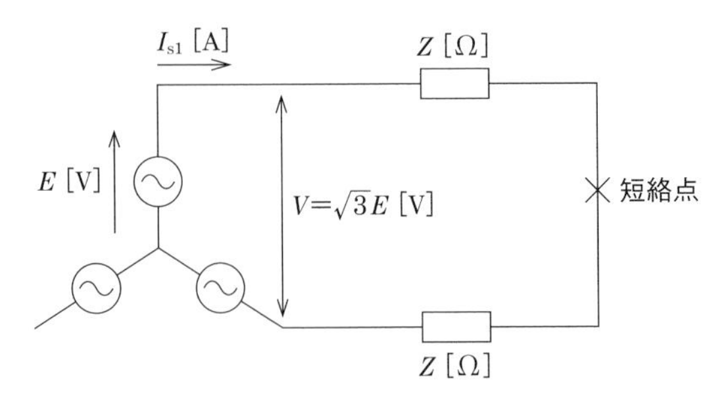

図7　線間短絡電流

一方，三相短絡電流 I_{s3} の大きさは，**図8** に示すように仮相中性線を考え，一相分の回路に変換して計算します．すなわち，

$$I_{s3}=\frac{V/\sqrt{3}}{Z}=\frac{V/\sqrt{3}}{\sqrt{R^2+X^2}}=\frac{E}{\sqrt{R^2+X^2}}$$

となります．上記からわかるように，三相回路の線間短絡電流 I_{s1} は，三相短絡電流 I_{s3} に比べて電圧が $\sqrt{3}$ 倍，インピーダンスは 2 倍になるので，$\dfrac{I_{s1}}{I_{s3}}=\dfrac{\sqrt{3}}{2}$ と小さくなります．

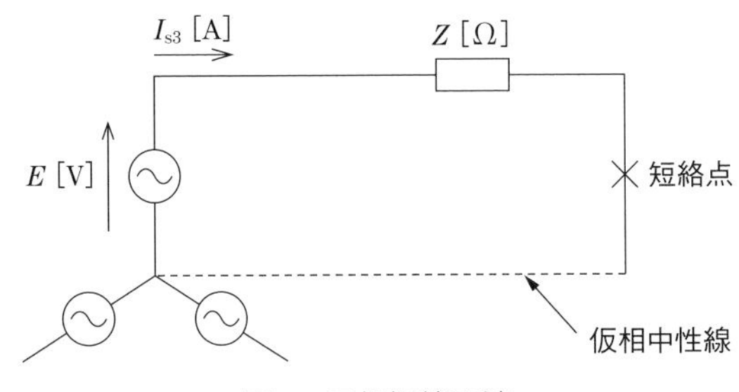

図8　三相短絡電流

b. %インピーダンス法

図9 に示すように，定格相電圧を E_n [V]，定格電流を I_n [A]，インピーダンスを Z [Ω] とすると，%インピーダンス（%Z）は，定格電流が流れたときの電圧降下（IZ）を定格電圧で除して百分率で表されます．

すなわち，

$$\%Z=\frac{I_n Z}{E_n}\times 100\,[\%]$$

ここで，短絡電流 I_s は，E_n/Z なので，

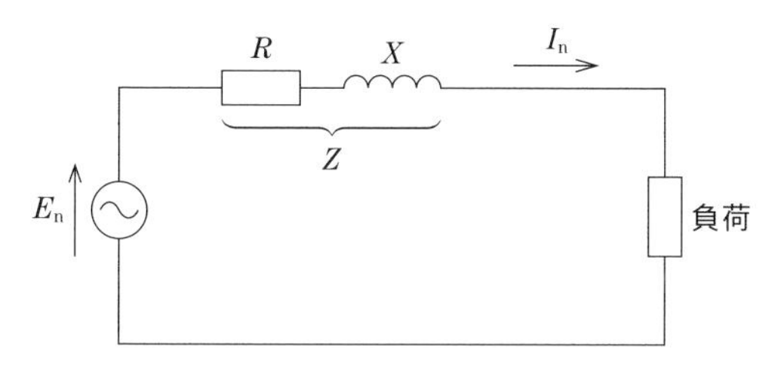

図9　%インピーダンスの定義に用いる単相回路

$$I_s = \frac{100}{\%Z} I_n$$

と表されます．

(4) 許容電流

電線やケーブルに電流を流すと，導体には抵抗があるために発熱し，電線の温度は周囲温度より上昇します．その熱は電線の外周から外部に放射され，その後，温度は平衡します．この温度がある限度を超えると電線類の性能に悪影響を及ぼすので，配電設備の設計時や運用時はこの限度以上に電流を流すことがないように注意する必要があります．この温度の限界を「最高許容温度」といい，これに相当する電流を「許容電流」と呼びます．電線の最高許容温度はその絶縁物の種類によって異なります．

(5) 絶縁設計

①　異常電圧

雷，風，雪，他物接触などの影響で配電系統の外部から高電圧が侵入したり，前述の地絡故障・短絡故障などによる過渡的な異常現象により，配電系統の内部でも高電圧を発生することがあります．このように，通常使用している商用周波数の電圧よりも高い電圧を異常電圧と呼びます．

異常電圧の種類は，外雷（雷放電などの配電系統の外部から侵入する異常電圧）と内雷（開閉サージなどの配電系統の内部から発生する異常電圧）に区分されます．

また，異常電圧の継続時間によってフラッシオーバ特性が異なりますので，雷サージ（時間的に非常に短い現象，数 μs～数百 μs），開閉サージ（時間的に短い現象，数百～数千 μs），商用周波異常電圧（時間的に長い現象，数秒～数十秒）の 3 つに分類して検討をする場合もあります．

② 絶縁設計の基本的な考え方

絶縁設計上基本となる考え方は，配電系統内の異常電圧では機器の絶縁破壊やフラッシオーバが生じないようにし，雷サージに対しては，配電線路に侵入する誘導雷サージの大きさを勘案して配電線路の絶縁レベルを定め，避雷器による雷サージの抑制と組み合わせてフラッシオーバ事故を極力少なくするというものです．

6.6 kV 高圧配電系統に設置される機器の絶縁レベルは，耐電圧試験の電圧値として，雷インパルス耐電圧 60 kV，商用周波耐電圧 22 kV が規定されています．また，避雷器は，上記の配電系統の絶縁レベルと協調がとれた性能が必要であり，次の性能を満たす必要があります．

a. 避雷器の放電開始電圧が配電線に生ずる内雷の電圧よりも高いこと．

b. 雷インパルス放電開始電圧および制限電圧（避雷器に放電電流が流れたときに避雷器の両端に現れる電圧）が，配電線の絶縁レベルよりも一定程度低く，その協調がとれていること．

c. 避雷器の続流遮断電圧は，配電線の回路における最高電圧より高いこと．

2. 機械的計算のための基礎知識

(1) 配電線路に働く荷重

① 荷重の種類

配電線路の支持物や電線などに働く荷重には，風圧荷重，電線の不平均張力，支持物の自重と電柱に設置された機器などの重量，電線などに付着した氷雪の重量など多岐にわたります．これらの荷重は合成されて配電線路に作用します．

作用方向別の荷重の分類と具体例を**表 3** に示します．

② 荷重の大きさと計算

一般に配電線路の支持物は垂直荷重に対しては十分な強度を有していますので，設計に当たっては，主に水平荷重の強度に耐えるかどうかの検討が必要になります．主な荷重の計算方法は，以下の通りです．

a. 風圧荷重

風圧荷重は季節や地域によって異なります．「電気設備の技術基準の解釈」第 58 条には，**表 4，5** のように，風圧荷重の内容，地域，季節による荷重が具体的に定められていますので，これらにしたがって計算を行います．

表3　作用方向別の荷重の分類

作用方向別の荷重	具体例
垂直荷重 （工作物の垂直方向に働く荷重）	・電柱，電線，腕金，がいし，柱上機器などの自重 ・付着氷雪の重量 ・支線の張力によって生じる垂直分力 ・電線路に大きな高低差がある場合の電線張力の垂直分力
水平横荷重 （工作物の水平方向に働く荷重のうち，電線路と直角方向に働く荷重）	・支持物などに加わる風圧荷重 ・電線などに加わる風圧荷重 ・線路の屈曲部における電線張力の水平分力
水平縦荷重 （工作物の水平方向に働く荷重のうち，電線路方向に働く荷重）	・支持物などに加わる風圧荷重 ・線路の直線部における両側の径間差，取付部の高低差などにより働く電線の不平均張力 ・電線の引留部に働く不平均張力

表4　風圧荷重の種類と風圧の内容

風圧荷重の種類	風圧の内容
甲種	電線その他架渉線は，その垂直投影面積 1 m^2 につき 980 Pa（多導体を除く），鉄筋コンクリート柱（丸形のもの）では 780 Pa
乙種	電線その他架渉線の周囲に厚さ 6 mm，比重 0.9 の氷雪が付着するものとし，電線その他架渉線は，その垂直投影面積 1 m^2 につき 490 Pa，その他のものについては，甲種風圧荷重の 1/2
丙種	甲種風圧荷重の 1/2

出典：経済産業省：電気設備の技術基準の解釈，令和 6 年 10 月 22 日改正，第 58 条より著者作成

表5　地方・施設場所に応じた風圧荷重の適用

<table>
<tr><th colspan="3" rowspan="2">地方別および施設場所</th><th colspan="2">風圧</th></tr>
<tr><th>高温季</th><th>低温季</th></tr>
<tr><td colspan="3">人家が多く連なっている場所</td><td>丙種</td><td>丙種</td></tr>
<tr><td rowspan="3">上記以外の場所</td><td colspan="2">氷雪の多い地方以外の地方</td><td>甲種</td><td>丙種</td></tr>
<tr><td rowspan="2">氷雪の多い地方</td><td>下記以外の地方</td><td>甲種</td><td>乙種</td></tr>
<tr><td>冬季に最大風圧を生じる地方</td><td>甲種</td><td>甲種または乙種のいずれか大きいもの</td></tr>
</table>

出典：表 4 に同じ

・電線の風圧による曲げモーメント

電線に加わる風圧による曲げモーメント Mw［Nm］は，**図 10** のように A 点に作用する力 P［N］と，支持物の地際の B 点から作用点である A 点までの距離 L［m］の積で求められます．

$$Mw = P \times L \,[\mathrm{Nm}]$$

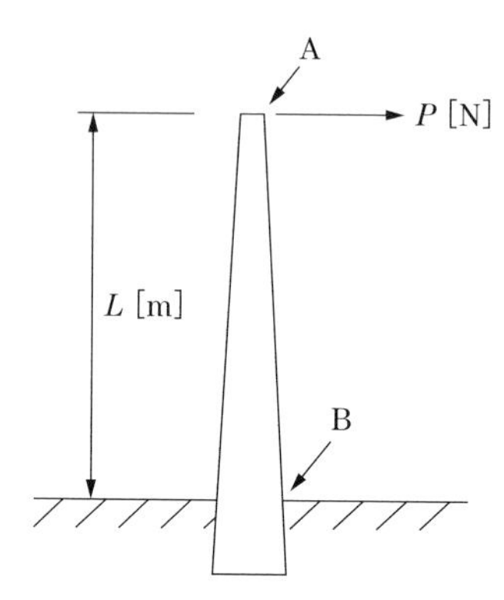

図 10　電線に加わる風圧による曲げモーメント

したがって，電線 1 m² 当たりに加わる風圧荷重を K_2 とすれば，電線の取り付け位置や種類は様々ですので，次式により求めることができます．

$$Mw = K_2 S(\Sigma \mathrm{dh}) \,[\mathrm{Nm}]$$

ここで，

K_2：電線 1 m² 当たりの風圧荷重［N/m²］

S：径間［m］（両側径間の各 1/2 を加えたもの）

d：電線の外径［m］

h：電線の取り付け高さ［m］

・支持物の地際に加わる風圧曲げモーメント

支持物の地際にかかる風圧による曲げモーメント Mp［Nm］は，**図 11** のように，その支持物の投影面積により次式で表されます．

$$Mp = K_1(2d + D_0)H^2/6 \,[\mathrm{Nm}]$$

ここで，

K_1：支持物 1 m² 当たりの風圧荷重［N/m²］

d：支持物頂部の直径［m］

D_0：支持物の地際の直径［m］

H：支持物の地表上の高さ［m］

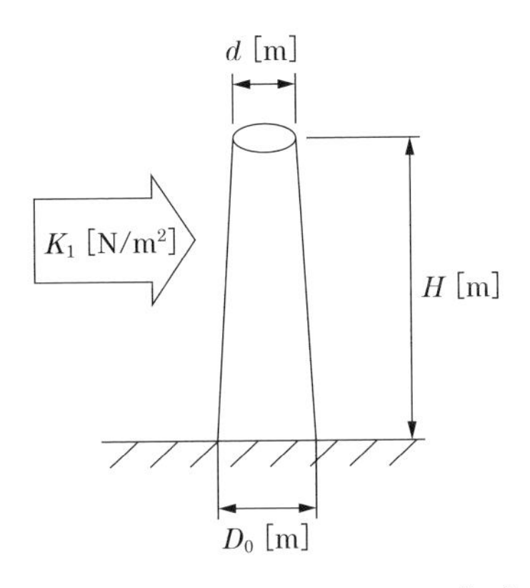

図11　支持物の地際にかかる風圧による曲げモーメント

b.　電線の張力による荷重

電線の張力 T［N］は，径間 S［m］，弛度（たるみ）D［m］，電線の自重 W［N/m］などにより求められます．

$$T=WS^2/8D\,[\mathrm{N}]$$

ここで，

T：電線の張力［N］

S：電線の径間［m］

D：電線の弛度［m］

W：電線の単位長当たりの自重［N/m］

この他に，支持物の両側の径間に著しい径間差がある場合や，電線の条数や電線の種類・太さなどが異なる場合は線路方向に不平均張力を生じますので，この場合は両側の径間の張力差から求めます（**図12**）.

$$T_1-T_2=(W_1S_1{}^2/8D_1)-(W_2S_2{}^2/8D_2)$$

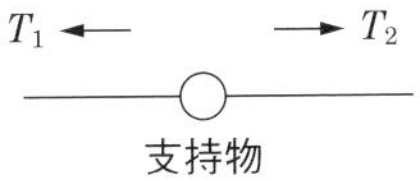

T_1 ←　→ T_2

支持物

図12　線路方向の不平均張力

(2)　支持物の強度

①　支持物の強度計算の考え方

支持物の強度とは，支持物にかかる曲げモーメントに対して，支持物の抵抗モーメントが大きいかどうか，つまり折れないで耐えられるかということです．

a．想定すべき荷重と荷重の分担

想定すべき荷重は，A 種コンクリート柱（基礎の強度計算を行わず，根入れ深さを電気設備の技術基準の解釈第 59 条に規定する値以上とすることなどにより施設する鉄筋コンクリート柱を指します．例えば，全長が 15 m 以下の鉄筋コンクリート柱であれば，根入れ深さは全長の 1/6 とするなど）の場合は，風圧荷重になります．支持物が風圧荷重の 1/2 以上に耐える強度を有する場合は，支線を用いて，その荷重の 1/2 を分担させせることができます（電気設備の技術基準の解釈第 59 条）．

b．支持物の安全率

支持物の破壊荷重に対して，安全率が 2 以上となるように，支持物の選定および支線や支柱による荷重分担を行う必要があります．

② 支持物の強度計算

コンクリート柱の強度

コンクリート柱の設計荷重は，コンクリート柱の頂部より 0.25 m 下の点へ力を加えた場合の破壊荷重の 1/2 であり，コンクリート柱のいずれの部分でも，この応力に耐えるような規格になっています（電気設備の技術基準の解釈第 56 条，JIS A 5373（2016））．

支持物の破壊荷重時の曲げモーメント M ［Nm］は，**図 13** のように，支持物の地上高を H ［m］，破壊荷重を P ［N］とすると，次式のように表されます．

$$M = P(H - 0.25)\,[\mathrm{Nm}]$$

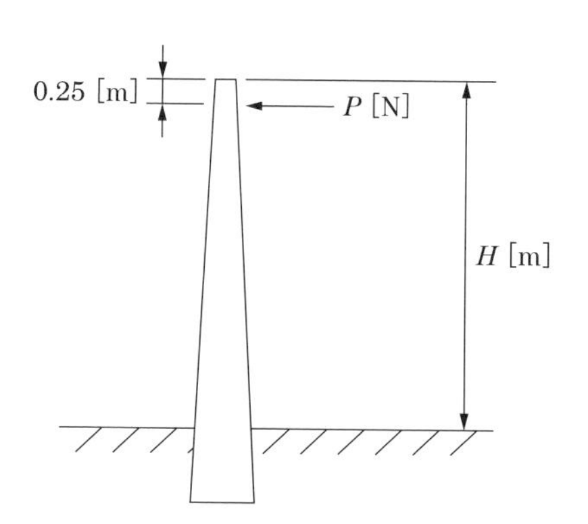

図 13　支持物の破壊荷重時の曲げモーメント

ここで，

P：支持物の破壊荷重［N］（破壊荷重＝設計荷重×2）

H：支持物の地表上の高さ［m］

支持物の破壊荷重時の曲げモーメント［Nm］は，前述の「配電線路に働く荷重」の内容を加味すると，支持物の地際にかかる風圧による曲げモーメント Mp［Nm］と電線に加わる風圧による曲げモーメント Mw［Nm］の合計値以上にならないといけませんので，さらに安全率 F を考慮すると次式のように表されます．

$$M/F \geqq Mp + Mw$$

すなわち，

$$\frac{(H-0.25)P}{F} \geqq K_1 \frac{(2d+D_0)H^2}{6} + K_2 S(\Sigma \mathrm{dh})$$

となります．

(3) 支線・支柱の強度

① 支線・支柱の強度計算の考え方

配電線路の支持物にかかる荷重は，前述のように，支線や支柱に分担させることができます．前述のA種柱には，次のような場合に支線を施設することができます．

a. 電線路の直線部分で両側の径間差が大きいために不平均張力が生じる場合は，**図14** に示すように，支線（図中では白丸が支持物，矢印が支線）を電線路方向の両側に施設します．両側の径間の差が大きい箇所とは，例えば，長い径間が75 m以上であり，その両側の径間差が標準径間の2/3以上のときを想定しています．また，架線条数や電線の太さ，弛度などによっても支線の設置を検討する必要があります．

b. 水平角度5度を超過する電線路の支持物に生じる水平横分力に対しては，

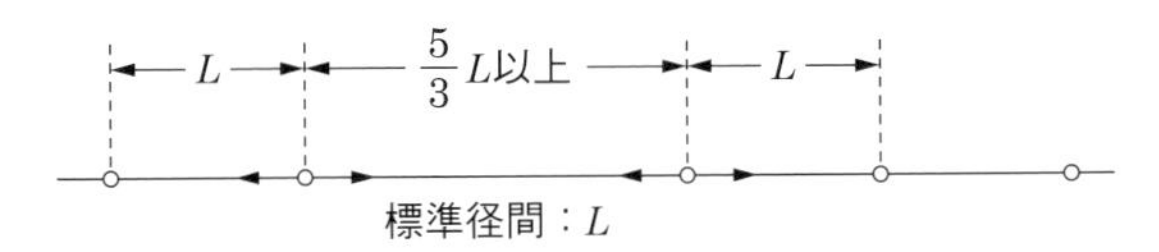

図14　電線路の直線部分で両側の径間差が大きい場合の支線の施設
出典：経済産業省：電気設備の技術基準の解釈の解説，令和6年10月22日改正，第62条

図 15 に示すように，水平分力に耐える支線を電線路が屈曲している外側に設置を検討する必要があります．

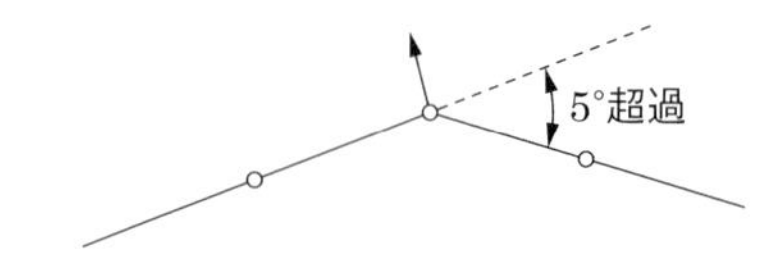

図15　水平角度5度を超過する電線路の場合の支線の施設
出典：図 14 に同じ

c．架渉線を引き留めることにより支持物に不平均張力が生じる場合は，**図 16** に示すように，水平力に耐える支線を引き留める側の反対側に電線路の方向に設置を検討する必要があります．

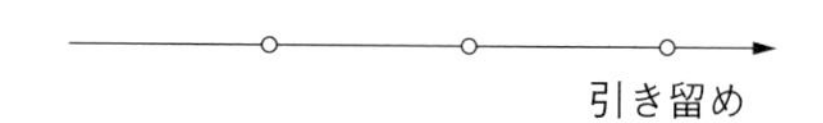

図16　電線路の引留め箇所における支線の施設
出典：図 14 に同じ

②　支線の強度計算

支線が分担すべきモーメント M_s［Nm］は，**図 17** における電線の取付点 h_0［m］における水平荷重 P［N］とのつり合いから求めます．

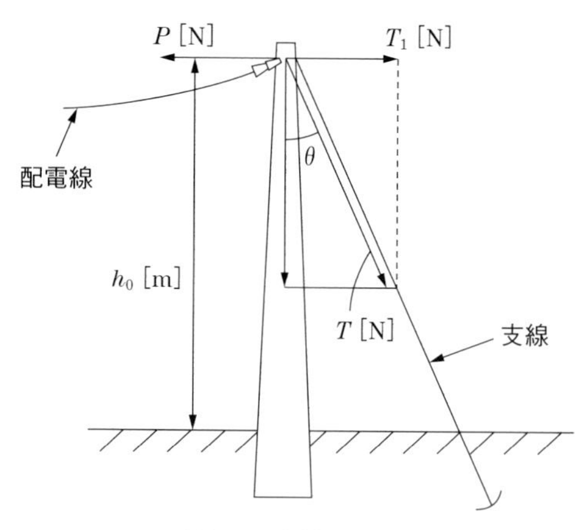

図17　支線の張力

$P=T_1=T\sin\theta$　であるから

$$M_s=Ph_0=T\sin\theta h_0[\mathrm{Nm}]$$

ここで，

M_s：負担すべきモーメント［Nm］
P：水平荷重［N］
h_0：支線の取付点の高さ［m］
T：支線の張力［N］
θ：支線と電柱のなす角度［度］

上式より，支線の張力 T［N］は，

$$T=\frac{P}{\sin\theta}=\frac{M_s}{h_0\sin\theta}\,[\mathrm{N}]$$

となります．

最終的に張力は，安全率 F を見込んだ支線の引張荷重以内でなければならないので，その関係は，支線の引張荷重を T_s［N］とすると，次式のように表されます．

$$\frac{T_s}{F}\geqq T$$

$$\therefore T_s\geqq\frac{FP}{\sin\theta}=\frac{FM_s}{h_0\sin\theta}\,[\mathrm{N}]$$

(4) 電線の弛度

① 電線支持点に高低差のない径間の場合

配電線の1径間において，電線支持点に高低差がない場合（**図18**）の弛度 D［m］は，次式で表されます．

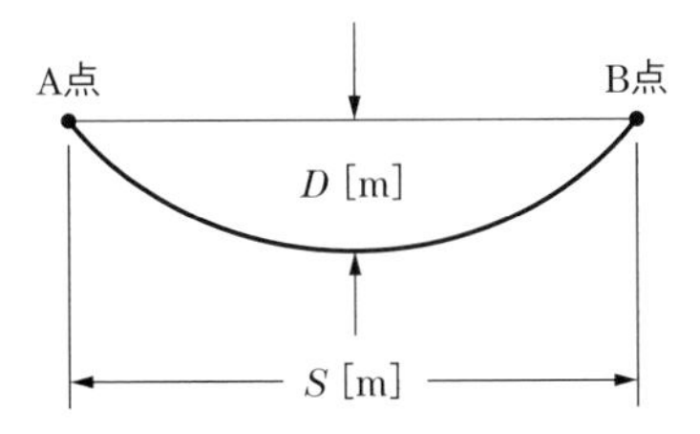

図18 電線支持点に高低差がない場合の弛度

$$D=\frac{WS^2}{8T}\,[\mathrm{m}]$$

ここで，

D：電線の弛度［m］，S：径間［m］
W：電線の単位長さ当たりの重量［N/m］

T：電線の最低点における水平方向の張力［N］ $\left(T=\dfrac{T_M}{F}[\mathrm{N}]\right)$

T_M：電線の引張荷重［N］，F：安全率

② 電線支持点に高低差がある径間の弛度

配電線の1径間において，電線支持点に高低差がある場合（**図19**）の弛度 D_0［m］は，次式で表されます．

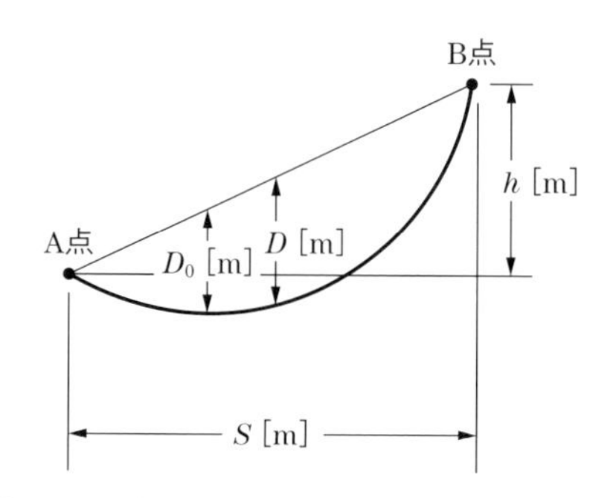

図19 電線支持点に高低差がある場合の弛度

$$D_0=D\left(1-\frac{h}{4D}\right)[\mathrm{m}]$$

ここで，

D_0：低い方の支持点から見た最低点の弛度［m］

D：径間中央における斜弛度［m］ $\left(D=\dfrac{S^2}{8C},\ C=\dfrac{T}{W}\right)$

h：両支持点間の高低差［m］

機械的計算のための基礎知識としては，これまで説明した架空配電設備関係のみならず，地中配電設備のケーブル引き入れ張力やケーブル引き入れ時の側圧計算などがありますが，本書では説明を省略します．

架空配電設備の設計

架空配電設備，例えば電柱は，道路沿いや建物，樹木などに接近して設置されることが多く，その電柱の上部に設置される配電設備（高圧配電線，低圧配電線，引込線，変圧器など）が，他物との離隔距離を確保できるように装柱や

配電線のルートを検討する必要があります．

したがって，配電設備の設計者は，電力供給のために必要十分で，安全性と信頼性を担保しつつ，地域事情を勘案し，環境調和を図った設備形成のための設計を行う必要があります．

写真 1 に配電設備の設計業務の流れの一例を示します．

現地調査

配電設備の新設や取替にあたっての設計書を作成するため，現地の調査を行います．

ご確認

検討内容について，お客さまにご了解をいただきます．

設計書作成

現地調査やお客さまとのご確認内容をふまえ，設計書を作成します．

写真 1　配電設備の設計業務の流れの一例
出典：東電タウンプランニング(株)

1．新規の電力供給工事のための設計

架空配電線路における供給工事には，低圧供給と高圧供給の 2 種類があります．いずれも電柱から需要家の受電点までの距離が最短となり，かつ第三者の敷地上空を通過しないような引込線のルートを検討する必要があります．

(1) 低圧供給

低圧供給においては，電柱から需要家の受電点まで低圧引込線を設置して電力供給を行います（**写真 2**）．低圧引込線は，需要家の負荷容量から電線に流れる負荷電流値を算出し，電線の許容電流と電圧降下を考慮して線種を決定します．基本的には絶縁電線を使用し，引込柱となる電柱から需要家の受電点まで直接引込線を架線するケースが多いですが，第三者敷地の通過を回避するなどの理由から電柱間に鋼より線を施設し，分岐させるケース，低圧用架空ケーブルを施設して供給するケースもあります．また，上記と並行して変圧器の稼働率を確認し，過負荷が見込まれる場合は，別途その対策工事の設計を行います．

大規模造成地や宅地分譲地など電力需要の増加が至近年で確実視されるケースでは，申し込みがあった需要家の電力供給だけでなく，当該エリアの最終的な電力需要に対応できる設備とすることが重複工事回避の観点から効率的な場合があります．こういった場合は，必要に応じて電気工事店やデベロッパーなどから関連情報を入手したり，事前に供給方法に関する協議などを行います．

写真 2　低圧引込線の設置例

(2) 高圧供給

高圧供給においては，需要家が受電用の電柱を設置し，電力会社所有の電柱

写真3　架空配電線による高圧引込線の設置例

から需要家の電柱まで高圧引込線を設置して電力供給を行います（**写真3**）.

高圧引込線は，引込柱となる電柱までの三相短絡電流値を，当該の高圧配電系統の諸元（線路インピーダンスなど）から算出して線種を決定します．基本的には絶縁電線を使用し，電力会社の電柱から需要家の電柱まで直接引込線を架線するケースが多いですが，低圧引込線と同様に，第三者敷地の通過を回避するなどの理由から電柱間に鋼より線を施設し，柱間から分岐させて供給するケースもあります.

新規需要家の負荷容量が大きく，既設高圧配電系統の容量を超過しそうな場合は，高圧配電系統の増強等の対策を別途検討します.

なお，需要家構内の電気事故が電力会社の高圧配電系統に波及すると，他の多くの高・低圧需要家も停電し，場合によっては訴訟問題となることがあります．そういった波及事故の防止のために，需要家の受電用電柱には，地絡継電装置付き高圧交流負荷開閉器（PAS）を設置することが推奨されています.

2. 移設工事のための設計

移設工事のための設計は，電力会社が自社都合（配電設備の保全など）のために実施する自発工事と，第三者から要請を受けて実施する他発工事の 2 種類があります.

いずれの工事の場合も，共用柱（**写真4**）の場合は，架空配電設備のみなら

写真4　共用柱における電力線と通信線

ず，電話線などの通信線も移設する必要がありますので，関係する通信会社に連絡し，工事工程などの調整を行う必要があります．

(1) 自発工事

架空配電設備は，風雪や塩害，紫外線などによって影響を受けるので，定期的に巡視・点検を行います．その点検の過程で不良が発見された場合は，不良箇所を新しい機材へ取り替える設計を行います．

(2) 他発工事

架空配電設備の中で，電柱や支線は，道路管理者や一般の方の土地の一部を借りて設置しています．したがって，道路の拡幅工事や住宅の建替時など地権者事情によって電力会社の配電設備が支障となった場合は，その要請を受けて移動，または改修を実施することがあります．

要請内容と設備全体の安全性・信頼性を勘案し，適切な改修方法を検討のうえ，設計を行います．

3. その他の設計

(1) 耐雷設計

架空配電設備は，気象や自然の影響を日常的に受けますので，設備の雷害防止については地域によって異なる雷頻度（**図 20**）などを勘案して，避雷器や架空地線の設置，耐雷素子内蔵機器（**写真 5**）の適用などを検討します．

(2) 耐塩設計

電力会社では，海岸からの距離やこれまでの塩害の経験から供給エリアの塩害マップ（**図 21**）を作成しており，強塩害地区，弱塩害地区，一般地区といったような区分をして，それぞれの地区に応じた耐塩仕様の配電設備を設置しています．

海岸から近いエリアなど強塩害地区に設置される架空配電設備において，がいしについては，海塩粒子の付着による漏れ電流対策として沿面距離を長く

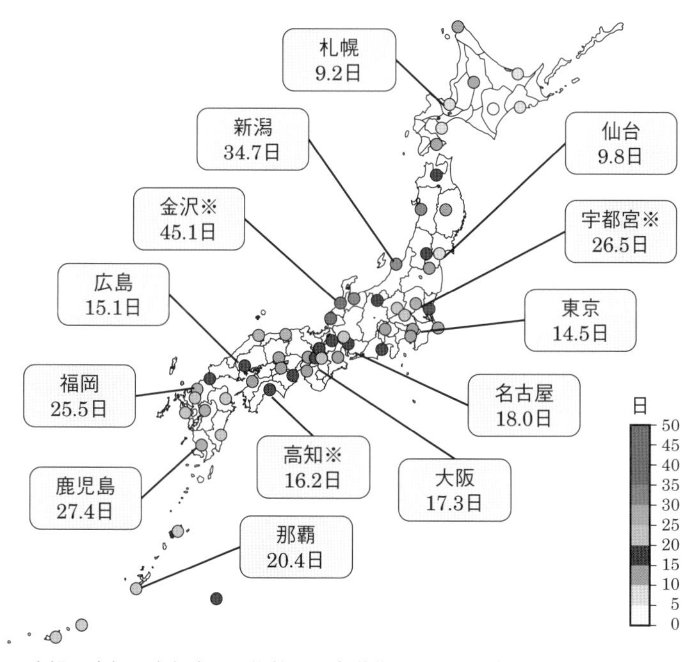

図 20　年間の雷日数

出典：気象庁ホームページ，雷の観測と統計

https://www.jma.go.jp/jma/kishou/know/toppuu/thunder1-1.html

写真5 配電用避雷器と耐雷素子内蔵柱上変圧器の例
出典（右）:（株)明電舎

とった耐塩がいしが適用されます．また，機器類については，柱上変圧器に溶融亜鉛メッキを施した後に塗装したものや，外箱の材料としてステンレスを用いた開閉器などが使用されています．

(3) 配電自動化のための設計

高圧配電系統の事故時に迅速な復旧をするため，電力会社では配電自動化システムと配電自動化対応機器（開閉器，制御器，高圧結合器）を設置しています．

配電自動化システムの機能を最大限に有効活用できるよう，各区間の需要家軒数や負荷電流値を確認しつつ，配電自動化対応開閉器の適切な位置（幹線用，連系用）を，必要に応じて配電系統の計画部門や運転・保守部門に確認して設計を行います．

(4) 特殊負荷に対する設計

レントゲンや電気炉，溶接機などその動作時に一時的に大きな電流が流れる負荷機器が負荷に含まれている場合の供給設計においては，フリッカが発生し，他の需要家に電圧変動などの影響を及ぼす可能性があるので，専用変圧器を設置して供給するなどの個別対策を検討します．

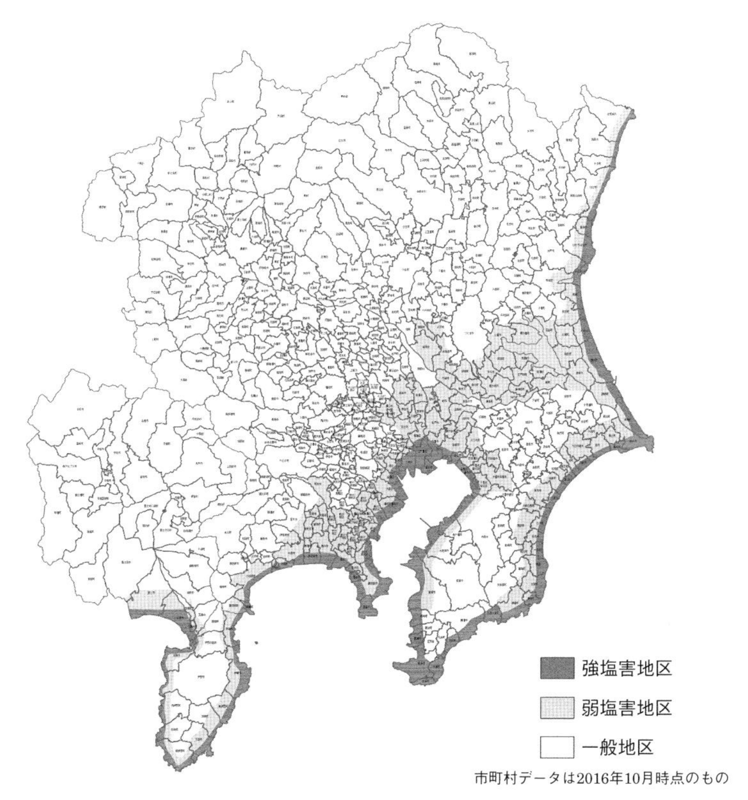

図21　塩害マップの例
出典：東京電力パワーグリッド(株)

4. 建柱

電柱を設置する径間は，市街地ではおよそ 30 m 前後，その他ではケースにもよりますが 40 m 程度とすることが多いです．また，電柱の長さは，高圧線を 2 回線設置する場合や，低圧線のみを設置する場合など，その電柱に設置する配電線の条数によって決定されます．

電柱の強度は，その電柱にかかる風圧荷重や電線張力などをふまえ，安全率を考慮して決定します．また，道路や歩道上に建柱する場合は極力交通に支障がない位置を選定のうえ道路管理者に申請し，許可を得て設置工事を実施します．第三者の土地に建柱する際は，地権者と十分に協議のうえ，建柱位置を決定します．

5. 装柱

すでに述べたように，配電設備には，高圧線，低圧線，引込線に加え，変圧器，開閉器等の機器類があります．標準的な装柱の例を**写真 6** に示します．使用する金物により，電線の架線形態をある程度変えることができますので，他物との離隔距離を確保しつつ，第三者の敷地上空を通過しないようにすることなどに配慮して設計を行います．

写真 6　高圧線，低圧線，引込線，機器類（左：変圧器，右：開閉器）が設置された場合の標準的な装柱

6. 電線

架空配電線に使用される線種としては絶縁電線とケーブルの 2 種類があり，他物との離隔距離や施設方法により，いずれを適用するかが決定されます．また，複数の太さや線種がありますので，電圧降下の状況や許容電流などを考慮して線種を決定します．

(1) 電線の地上高

電線を設置する際の地上高は，「電気設備の技術基準の解釈」第 68 条に定められており，その値以上となるように工事する必要があります（**表 6**）．ただし，各道路管理者が定める道路占有許可基準等の最低地上高が表 6 の数値よりも高い場合は，その基準を満足するように施設します．

(2) 弛度

配電線の導体部分は，前述の通りアルミや銅ですが，夏季は強い日差しによ

表6　電線の地上高に関する規定

施設場所		低圧	高圧
		絶縁電線・ケーブル	絶縁電線・ケーブル
道路	横断	6.0 m	6.0 m
	その他	5.0 m	5.0 m
歩道		4.0 m	5.0 m
鉄道または軌道横断		5.5 m	5.5 m
横断歩道橋の上		3.0 m	3.5 m
上記以外		4.0 m	5.0 m

出典：経済産業省：電気設備の技術基準の解釈，令和6年10月22日改正，第68条より著者作成

り高温となり，冬季は地域によっては氷雪が付着するなどして低温となります．このように，周囲温度の変化により導体は伸縮し，長さが変化します．また，夏から秋にかけては台風による暴風雨を受け，電線間が接近する場合もあります．

以上のような条件下でも安全を確保するために，配電線に適切な弛度をとる必要があります．一般的には弛度を1～3％程度として設置します．

7．柱上変圧器

柱上変圧器は，形状等は電力会社によって様々ですが，容量は一般的に10～100 kVA程度です．変圧器を新設する際の設計時は，現在の負荷に対して十分な容量を有するだけでなく，そのエリアの平均的な電力需要の伸び率を勘案して，至近年に増容量工事が発生しないような容量を選定します．

柱上変圧器を電柱に取り付ける際の装柱には，腕金を組み合わせた変台と呼ばれる台座の上に変圧器を載せ，捕縛バンドなどで変圧器を電柱に固定する方式（変台方式）や，電柱に変圧器専用の金物を取り付け，その金具に変圧器をひっかけて設置する方式（ハンガー方式）があります（**写真7**）．

8．開閉器

開閉器設置の設計時は，設置する箇所が高圧配電系統の幹線か分岐線かによって適正な容量の開閉器を，また，手動開閉器とするか自動開閉器とするかについても十分に検討のうえ選定します．設置場所については，以下を考慮し

写真7　柱上変圧器の設置例(左：変台方式，右：ハンガー方式)

ます．

・作業者による開閉器の入・切操作や取替工事が容易な電柱に設置する．

・高圧配電線路が河川や森林等を通過する場合は，極力その電源側に設置する．

・高圧分岐柱，変圧器柱，角度柱など装柱が輻輳する電柱には極力設置しない．

写真8に開閉器の設置例を示します．

9．接地

落雷による設備事故や漏電に伴う感電といった人身災害を防ぐために，配電線および機器には電気を大地へ逃がすための接地を施し，接地抵抗値を「電気設備の技術基準の解釈」に記載されている値以下にする必要があります．

電気設備の技術基準の解釈第17条によると，接地工事は，4種類（A種接地工事，B種接地工事，C種接地工事，D種接地工事）に分類されており，**表7**にそれぞれの接地抵抗値を示します．表中のI_gは，当該変圧器の高圧側または特別高圧側の電路の一線地絡電流［A］を示します．

地中配電設備の設計

地中配電設備は，法規による制限や軌道，高速道路，河川などの横断箇所の

写真8　柱上開閉器の設置例

表7　接地工事の種類と接地抵抗値

種類	接地抵抗値
A 種接地工事	10 Ω 以下
B 種接地工事	$150/I_g$ Ω 以下 混触時に電路を遮断する装置を設ける場合，遮断時間などの条件により以下のようにできる. $300/I_g$ Ω 以下（遮断時間：1 秒を超え 2 秒以下） $600/I_g$ Ω 以下（遮断時間：1 秒以下）
C 種接地工事	10 Ω 以下 （低圧電路において，地絡を生じた場合に 0.5 秒以内に当該電路を自動的に遮断する装置を施設するときは，500 Ω）
D 種接地工事	100 Ω 以下 （低圧電路において，地絡を生じた場合に 0.5 秒以内に当該電路を自動的に遮断する装置を施設するときは，500 Ω）

出典：経済産業省：電気設備の技術基準の解釈，令和 6 年 10 月 22 日改正，第 17 条より著者作成

うち工法，保守，断線時の他物への影響などから，架空配電線では不適当な箇所に採用され，以下の特徴があります．これらの特徴をふまえたうえで設計を行います．

・周囲の美観を阻害することが少ない．

・風雨，氷雪など気象条件，地上建造物，樹木等の影響を受けにくく，供給信頼度が高い．

・建設費が高価で，工事や事故復旧に長時間を要する．

1．設計の事例

(1) 新規の電力供給工事のための設計

架空引込線を施設することが法令上認められない場合，または技術上，経済上もしくは地域的な事情により不適当と認められる場合に地中配電線による供給とします．

架空配電線による供給と同様に，高圧供給と低圧供給があり，供給場所直近の配電設備（地上機器など）から需要家との受給地点（財産分界点）まで地下に埋設したケーブルにより供給を行います．供給方式によっては，需要家構内に電力会社が用意する地上機器を施設して供給することもあります．供給に当たっては，事前協議を行うことを基本とし，その協議において供給方法を決定します．

① 高圧供給

地中配電線による高圧供給は，供給用の地上機器（供給用配電箱，「高圧キャビネット」とも呼びます）を需要家の敷地内に施設して，その機器内の需要家用回路から送電します（**写真 9** の点線枠部）．供給する需要家構内の事故が電力会社の配電線に波及するのを防止するため，需要家用回路には，地中線用地絡継電装置付き高圧交流負荷開閉器（UGS）（写真 9 右）の設置が推奨されています．

② 低圧供給

地中配電線による低圧供給は，個人の需要家や店舗ビル，マンションなど，その供給範囲は多岐にわたります．前述のように，地中線の工事は架空線に比べて高価であり，工事が比較的長期間必要となるので，最初の供給時に将来の需要増（最大契約容量）を見込んだ設備の設計を行う必要があります．

一般には，低圧分岐装置から引き出された低圧引込ケーブルによって供給さ

写真9　供給用配電箱（左）と地中線用地絡継電装置付き高圧交流負荷開閉器・SOG制御装置（右）

れますが，容量によっては，需要家の敷地内に地上機器もしくは変圧器を設置して送電します．また，マンションなどの集合住宅への供給方法として，借室供給方式があります．これは，需要家の建物の一部を電気室スペースとして電力会社へ無償で提供していただき，そこへ電力会社が変圧器などを設置して送電する方法です．提供される一室は，浸水や腐食性・爆発性のガスの発生がないなど，一定の条件を満たす必要があります．この供給方法は，一般に電灯・動力いずれかが 50 kW 以上となる場合に検討されます．

(2) 移設工事のための設計

地中配電設備は，計画・設計段階で将来を見越して検討する必要がありますので，設備設置後に移設の要請を受ける機会は電柱の場合ほど多くありません．以下の電柱移設にともなう移設が一例になります．

① 電柱立ち上りケーブルの移設

官公庁や需要家敷地内に建柱されている電柱が，建設工事などの理由により移設を要請された場合，その電柱移設にともなって地中ケーブルも移設設計を行います．

② 歩道や需要家敷地内の地上機器の移設

地中化済みの道路において，歩道の乗り入れ部分を変更するなど，道路構造物の変更にともない，地上機器の位置変更を要請される場合があります．

③ 無電柱化要請による移設

道路管理者による無電柱化要請に対応して移設が行われます．無電柱化には，地中化による無電柱化（電線共同溝方式，自治体管路方式，単独地中化，要請者負担方式）と，地中化以外（裏配線・軒下配線方式）の無電柱化に分類されます．多くは電線共同溝方式で，「電線共同溝の整備等に関する特別措置法」に基づき，ケーブルを収容する管路部と分岐器等を収容する特殊部で構成されています．

最近では，良好な景観・住環境の形成，歴史的街なみの保全，観光振興，地域活性化などにつながるような箇所も対象となっています．そのような場所で，歩道が狭くて地上機器を設置するスペースの確保が難しい場合は，街路灯に変圧器を取り付けるなど，柔軟な設置方法（「ソフト地中化」と呼ばれます）が取り入れられています（**写真 10**）．

写真 10　街路灯に変圧器を設置したソフト地中化の例

2. 管路の占用位置

管路の埋設位置の選定に当たっては，下記に留意するとともに埋設物図面の調査，試験掘による埋設物の調査，道路管理者との打ち合わせなどを行って決定します．

・付近の既設設備の現状や将来計画を確認し，ケーブル埋設工事の施工が容易な位置，また，将来の保守上支障がない位置を選定する．

・道路に埋設する場合は，同一道路内における道路境界線からのオフセット（敷地境界から埋設物件中心までの距離）は極力一定にする．

・道路の片側に弱電流電線がある場合は，なるべく他の片側に設置する．

3. 土被り

土被りとは，防護物上端から地表面までの距離のことです（**図 22**）．土被りは電気設備技術基準ならびに道路法施行令に基づき，各道路管理者の指導により定められています．

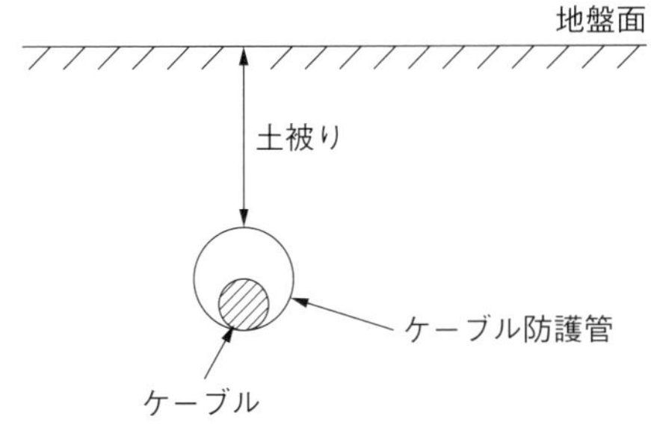

図22　土被りのイメージ

4. 管路構造

管路設備の種類には，大きく分けて「直接埋設方式」，「管路方式」，「暗きょ方式」があります．以下に，それぞれについて概要を説明します．

(1) 直接埋設方式

工事発生の都度，防護物を地中に埋設し，その中に地中ケーブルを設置する方式です（**図 23**）．次に述べる【適用区分】に該当する場合に採用されますが，実際の適用例は少ないです．

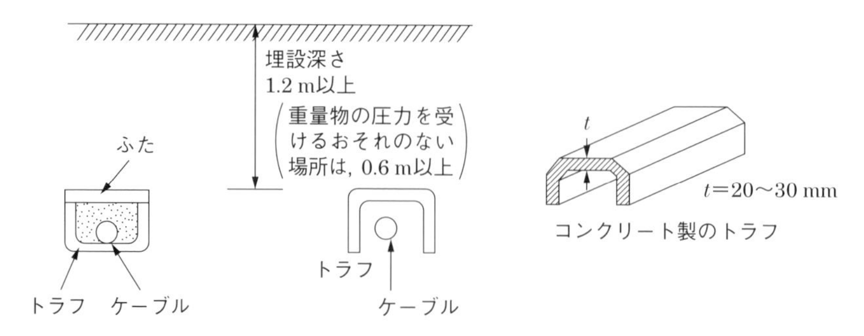

図23　直接埋設式におけるケーブル設置イメージ
出典：経済産業省：電気設備の技術基準の解釈の解説，令和6年10月22日改正，第120条

【適用区分】

・ケーブル条数が少なく，将来も多条数のケーブル増設の可能性が少ないと予想される場合

・ケーブルの増設，または事故の際の再掘削が道路舗装，または交通事情の面から比較的容易な場合

・他の埋設方式に比べて経済的に有利な場合

(2) 管路方式

あらかじめケーブルを布設する管路を設置しておき，これに地中ケーブルを引き入れる方式で最も一般的です（**図24** 左）．配電線などの地中化のために施設される電線共同溝（C.C.BOX）がその代表例です（図24右）．

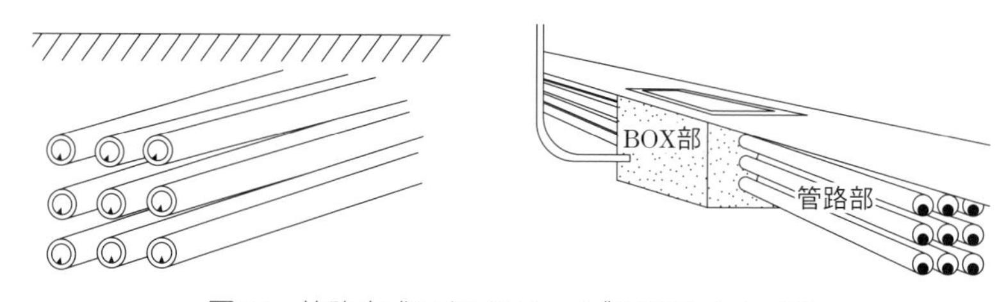

図24　管路方式におけるケーブル設置イメージ
出典：図23に同じ

【適用区分】

・同一ルートにケーブルを多回路布設する場合，または布設することが予想される場合

(3) 暗きょ方式

あらかじめケーブルを布設するトンネル状の構造物（暗きょ）を設置し，側壁に設置された受棚の上に地中ケーブルを布設する方式です（**図 25**）．共同溝，洞道，CAB などがその代表例で，共同溝では電力，通信，ガス，水道および下水道などのインフラ設備が一括して設置されます．

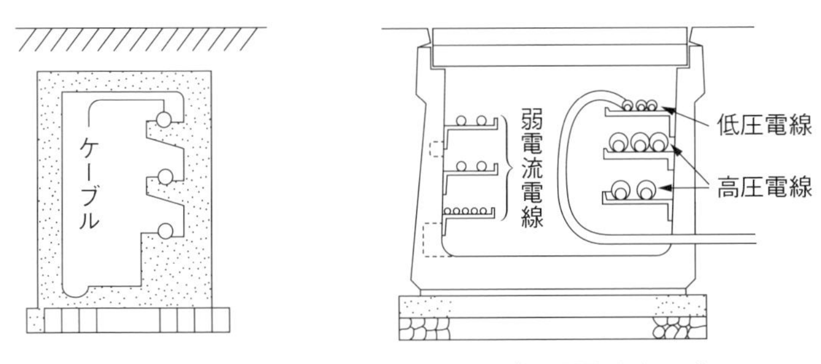

図 25　暗きょ方式におけるケーブル設置イメージ
出典：図 23 に同じ

【適用区分】

・同一ルートに多くのケーブルを設置する場合

・近い将来に設置することが予想される場合で，送電容量，ケーブル配置，新技術適用の可能性など様々な観点から，前述の管路方式では不適切と考えられる場合（例：需要密度が非常に大きい，または大きくなると想定される地域など）

5. 管材

管路式のケーブル防護物は，適用区分に応じて，亜鉛メッキ鋼管（GP），強化プラスチック複合管（PFP），耐衝撃性塩化ビニル管（SVP），ガラス繊維強化プラスチック管（FRP），可とう鋼管（FP）などから選定します．

6. マンホール

マンホールの設置数は極力少なくすることが望ましいですが，設置する場合の基本的な考え方は，以下の通りです．

マンホールの間隔は 250 m 以下を標準とし，ケーブル引き入れ時の張力および側圧，運搬可能なケーブル長，ケーブル引き入れ時の作業性，ルートの屈曲度，地下埋設物の状況などを考慮して，道路が屈曲している場所，大きな橋の前後，急勾配な坂道の上下などに設置し，交差点内は極力回避します．

7. ケーブル

新たに配電線路を建設する場合は，線路の亘長を短縮するよう考慮するほか，下記のような場所はなるべく避けて設計を行います．ケーブルを収納する管路は，管径が 130 mm，150 mm のものを標準とします．

・工事や保守が困難な道路（交通頻繁な道路を含む）
・掘削に多額の工事費を要する舗装道路および地下水の多い道路
・屈曲または高低差が著しい道路
・ケーブル外装を電気的または化学的に腐食させる環境である道路
・私有地または不確定な私道や将来区画整理が予想される道路
・外傷または地盤沈下などで多重ケーブル事故の恐れがあるルート

ケーブルの所要電流容量は，地中配電設備の特徴（事故復旧に長時間を要する，建設費が高価）を勘案し，ケーブル設置時のみでなく，将来的な電力需要や配電系統運用などを考慮して決定します．

ケーブルサイズは，常時許容電流，短時間許容電流，短絡時許容電流のいずれをも満たすものとする必要があります．ここで常時許容電流とは，連続して使用してもケーブルの常時導体許容温度を超えない最大の電流値のことで，単に許容電流と呼ばれることもあります．2 つめの短時間許容電流とは，線路や母線の一部停止などにより，特別な系統構成となったとき，上記の常時許容電流以上の電流を流す必要がある場合に，その継続時間と頻度があまり大きくなければ流すことのできる電流値のことで，継続時間は数分から数時間程度とされています．3 つめの短絡時許容電流とは，配電線路における短絡事故時の過電流を対象とし，継続時間が 2 秒間程度以内の許容電流のことです．これらの許容電流は，直接埋設方式，管路方式，暗きょ方式，電柱立ち上り部などの設置条件ごとに確認をします．

8. 地上用機器

地上用機器のうち，多回路開閉器はフィーディングポイント（配電用変電所から引き出された高圧フィーダをいくつかに分割する地点，**図 26**），およびそれに準ずる重要な箇所に適用します．設置位置としては，地中配電線路の運用上の基点となる箇所，歩道，保守が容易に行える箇所（将来的に道路改良や需要家の増改築などによって保守が困難になるおそれのない箇所）とします．

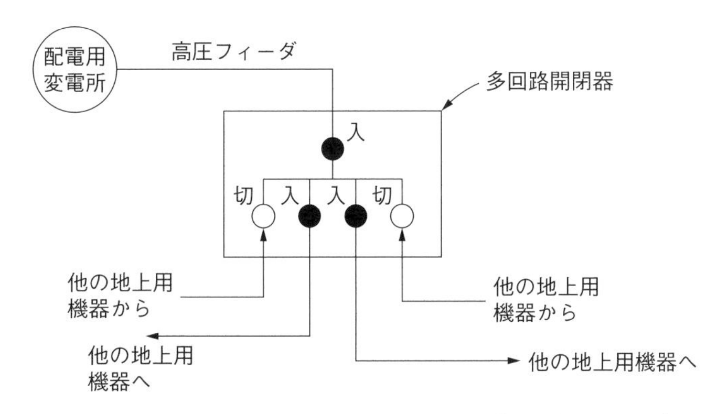

図26　多回路開閉器における高圧フィーダの分割イメージ

地上用変圧器は，過密地区や主要道路などの地中化などに適用します．設置位置の選定は多回路開閉器工事に準じます．

低圧分岐装置は，地中化工事などにおいて，地上用変圧器 2 次側から出た低圧ケーブルの分岐箇所に適用します．設置位置の選定については多回路開閉器と同様です．

配電設備の建設工事（安全・無停電・高効率）

配電設備は電力需要に応じて面的に広がっており，需要家に直結した設備です．したがって，その建設工事に当たっては，公衆安全の確保はもちろんのこと，作業者の安全を確保しつつ，極力無停電で効率的な作業を行うことを基本とします．

1．架空配電設備の工事

(1) 建柱工事

支持物の建柱工事は，根入れのための穴の掘削作業と，建柱のための吊り込み作業に大きく分けられます．建柱穴の掘削深さは電気設備技術基準に一般の配電線路柱では全長の 1/6 以上（全長 15 m 超過のものは 2.5 m 以上）と定められています．掘削の工法としては，穴掘建柱車のドリルを使用した掘削が多く使用されています．掘削前には，地下の既設の埋設物（電力ケーブル，通信ケーブル，上・下水道管，ガス管など）の損傷を防止するため，地下埋設物の有無の確認を行います．掘削箇所に埋設物がある場合は，試験掘りを行い，その位置を確認します．

建柱工事には，穴掘建柱車のクレーン部を用いた吊り込み建柱工法が多く用いられています（**写真 11**）．

写真 11　穴掘建柱車を使用した建柱工事の様子
提供：(株)関電工

(2) 装柱工事

装柱工事では，支持物に高低圧電線を架設するために腕金，がいし，バンドなどを取り付けます（**写真 12**）．水平装柱は架空配電設備の基本形であり，最も一般的に採用されています．建物や看板などとの離隔を確保する必要があるときは，道路側に高圧電線 3 本を取り付け，それでも離隔距離の確保が難しい場合は，高圧電線 3 本を縦に取り付ける垂直装柱を採用します．

(3) 電線の架線工事

架線工事は延線工事，緊線工事，電線接続工事に大別されます．延線工事で電線を延線する際は，線繰台に電線ドラムを設置して電線を引き出します．延線には架線車が使用され，延線前に張ったロープの先端に電線を接続し，架線車の巻取装置でロープを巻き取りながら延線します．

写真12　高所作業車を使用した装柱工事の様子
提供：(株)関電工

緊線工事では，延線した電線を引留装柱箇所ごとに張線器を用いて弛度を調整しながら引き留めます．引留め箇所の工法としては，クランプ工法とバインド工法があり，高圧線の引留めには主にクランプ工法が使用されています．

(4) 柱上機器の設置工事

柱上変圧器の設置は，小型ウインチを装備した高所作業車により変圧器を吊り上げて取り付ける方法が広く使用されています．高所作業車が使用できない場合は，支持物の上部に金車を取り付け，作業車に装備したウインチによりワイヤを巻き取り，変圧器を吊り上げる方法も使用されます．

開閉器の設置は，変圧器工事と同様に小型ウインチを装備した高所作業車により，開閉器本体を吊り上げて取り付ける方法が広く使用されています．

(5) 支線の工事

架空配電線路の引留め柱や水平角度が異なる箇所，両側電線の太さが異なる箇所などの支持物にかかる電線張力に対して支線を設置します．支線には，地支線，水平支線，柱間支線，弓支線などがあります．

地支線工事は，支線の支持工事と基礎工事に分けられます．地支線の基礎工事にはアンカ打込工法などがあり，支線の設置箇所の土壌により工法を選択します．

支線の支持工事において，支線の上部支持位置は，電線張力がかかる点に極力近い位置とし，支線の上部取付点には支線用バンドを使用します．支線には鋼より線を使用し，支線バンドへ巻き付けグリップで取り付けます．支線が高低圧架空配電線と接触して漏電することによって生じる感電を防止するため，地上 2.5 m の位置に巻き付けグリップを用いて玉がいしを取り付けます．また，地際には支線ガードを取り付けます．

(6) 接地の工事

接地工事には，規定の抵抗値を確保するため単極接地工事，多極接地工事，深打接地工事などがあります．また，接地極の設置だけでは規定の抵抗値が得られない場合もありますので，その際は接地抵抗低減剤を併用して規定抵抗値を確保します．

2. 無停電工法

以前は，配電工事では多くの場合「直接活線工法」が主流であり，電気工事の作業者は高圧用ゴム手袋とゴム長靴を着用して 6.6 kV が充電された状態の高圧配電線に直接触れて作業を行っていました．そして，直接活線工法が技術的に，あるいは安全上困難な場合は配電線を停止（＝停電）して工事を行っていました．

1985 年頃から各電力会社や配電工事会社において停電頻度や停電時間を低減する取り組みが本格化され，工事のために停電させるエリアを限定化する「無停電工法」が普及しました．無停電工法で使用する代表的な機材を以下に説明します．

(1) 高圧バイパスケーブル

高圧バイパスケーブルは，6.6 kV 高圧配電線が設置された電柱の建替工事や，高圧配電線の張替工事などの作業区間を工事用高圧ケーブルでバイパスして作業区間の負荷側に仮送電しつつ，作業区間内は停電して安全に作業するための工事用機材として使用します（**写真 13**）.

(2) 工事用変圧器

柱上変圧器の取替工事において，工事の間，一時的に取替対象の変圧器から送電されていた負荷を隣接する柱上変圧器から供給することによって無停電で

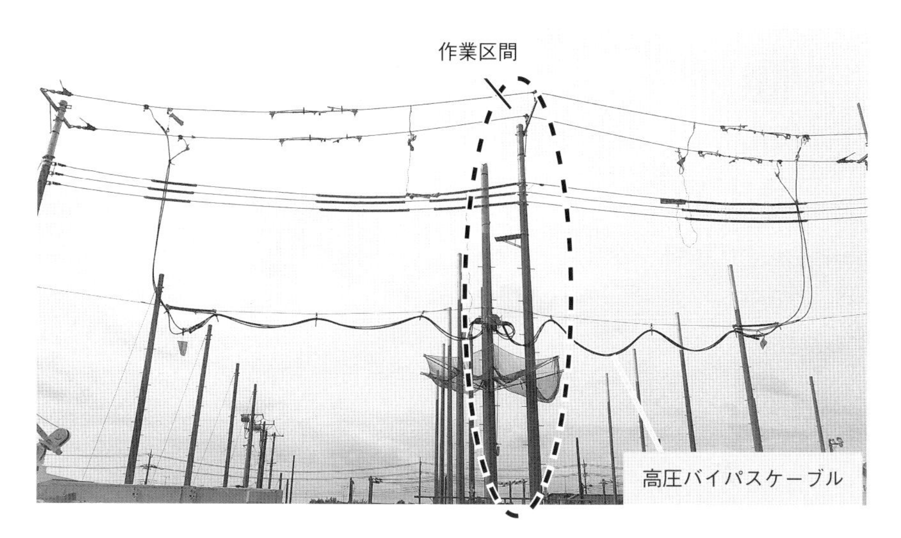

写真13　バイパスケーブルを使用した無停電工法の様子
提供：(株)関電工

写真14　工事用変圧器を使用した無停電工法の様子
提供：(株)関電工

取替工事を行う工法が採用されています．しかし，隣接変圧器の稼働率が高く，供給余力がない場合は工事用変圧器を使用します（**写真14**）．

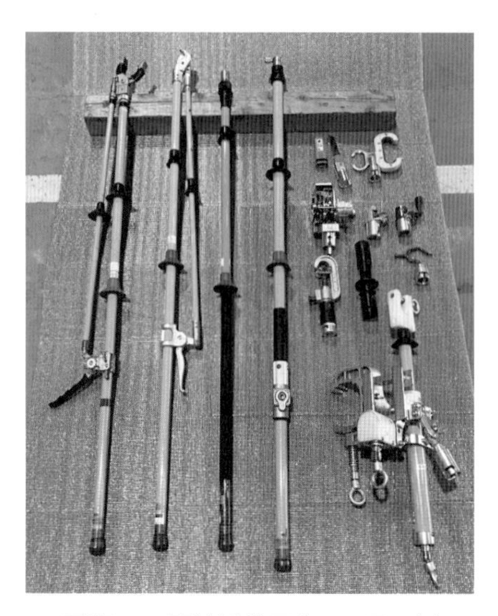

写真15　間接活線用専用工具の例
出典：東京電力パワーグリッド(株)

3. 間接活線工法

無停電工法の定着後も，配電工事における死亡災害の多くを占める感電災害はなかなかゼロにすることができませんでした．そこで，架空配電工事の感電災害の撲滅へ向け，作業者が高圧配電線に直接触れることなく作業を行う「間接活線工法」が導入されました．この結果，多くの電力会社や配電工事会社に間接活線用の専用工具が配備され，様々な工種への展開が図られています．

間接活線用の専用工具にはヤットコやスティックなどの絶縁操作棒（ホットスティック）と先端に装着する工具があります（**写真15**）．ホットスティックには，先端部から60 cmの位置に赤色の限界ツバが取り付けられており，作業者は不用意に高圧充電部に近づくことがないよう，限界ツバから下の部分をもって作業を行うことになります．間接活線工具を用いた作業状況の例を**写真16**に示します．

4. 地中配電設備の工事

(1) 土留め工事・管路布設・ケーブル引入れ

道路工事調整協議会への工事内容提案と諸調整，地中配電線路の経過地・ケーブル・布設方式などの選定を終え，当該工事の設計書が出来上がると，ステージは設備の建設工事に移ります．工事開始に当たっては，道路占用・使用

写真16　間接活線工法による架空配電線工事の例
提供：(株)関電工

写真17　土留め工事を行った後の管路布設作業
提供：(株)関電工

許可の申請，既設埋設物の立ち会い・防護・移設などの依頼，付近住民への工事内容の説明などを行います．

施工に当たっては，掘削時の既設埋設物の損傷に留意しつつ，酸欠や火災の防止に努めます．また，掘削工事時の振動や騒音，地盤沈下の防止にも十分に留意する必要があります．

写真18　地上用機器へのケーブル引入れ作業
提供：(株)関電工

通常，管路を埋設する際の掘削は，開削（路面から重機などを用いて直接溝を掘る）で行われます．開削に際して，溝を掘るだけだと作業中に地下水が出てきて溝の側面が土砂崩れを起こすなどのトラブルが発生する可能性があります．そのため，溝の側面に「矢板」と呼ばれる木製の板や軽量鋼板によって土留め工事を行い，作業者の安全と掘削空間の確保，他の埋設物への影響防止に努めます．

写真 17 に，土留め工事を行った後の管路布設作業の様子を示します．

地中配電設備には多回路開閉器や地上用変圧器などの地上用機器があり，これらと地下に埋設したケーブルを的確に接続する必要があります．**写真 18** に地上用変圧器や多回路開閉器へのケーブル引入れ作業の様子を示します．

写真 19　マンホールの下部における作業
提供：(株)関電工

(2) マンホール内での作業

マンホールは，道路が屈曲している場所，大きな橋の前後，急勾配の坂道の上下，管路の分岐延長が予想される部分で再度掘削を行うことが困難な場所などに設置される縦穴のことで，地下の設備の点検や修理などを目的に設置されます．

マンホールの下部における作業の様子を**写真 19** に示します．マンホール内の作業では酸欠の危険がありますので，その日の作業を開始する前に酸素や硫化水素の濃度を測定し，空気中の酸素濃度を 18 %以上，かつ硫化水素濃度を 10 ppm 以下に保つように換気，すなわち地上から外気を送り込みます．

(3) ケーブルの接続作業

マンホール下部における高圧 CVT ケーブルの接続作業（油圧工具による接続部の圧縮作業）の様子を**写真 20** に示します（上方に既設の高圧ケーブルが設置されています）．

高圧ケーブルでは，ケーブル絶縁体外側の半導電層の処理が適切でないと絶縁抵抗が低下するなどの不具合につながる可能性があります．したがって，高圧ケーブルの接続工事や端末処理は，十分な知識と経験を有する作業者が正確

写真 20　高圧 CVT ケーブルの接続作業
提供：(株)関電工

な工法で行う必要があります．

(4) 小口径推進工法

小口径推進工法は，地中配電工事で一般的な，歩道や道路を大きく掘削することをせず，地下にトンネル状に掘削した穴に管を通して管路を通す工法です．路面を開削しませんので，騒音・振動・交通渋滞などの諸問題を回避しやすく，工事による占用面積が小さくて済むので市街地の工事に適しています．

小口径推進工法の施工イメージを**図 27** に示します．

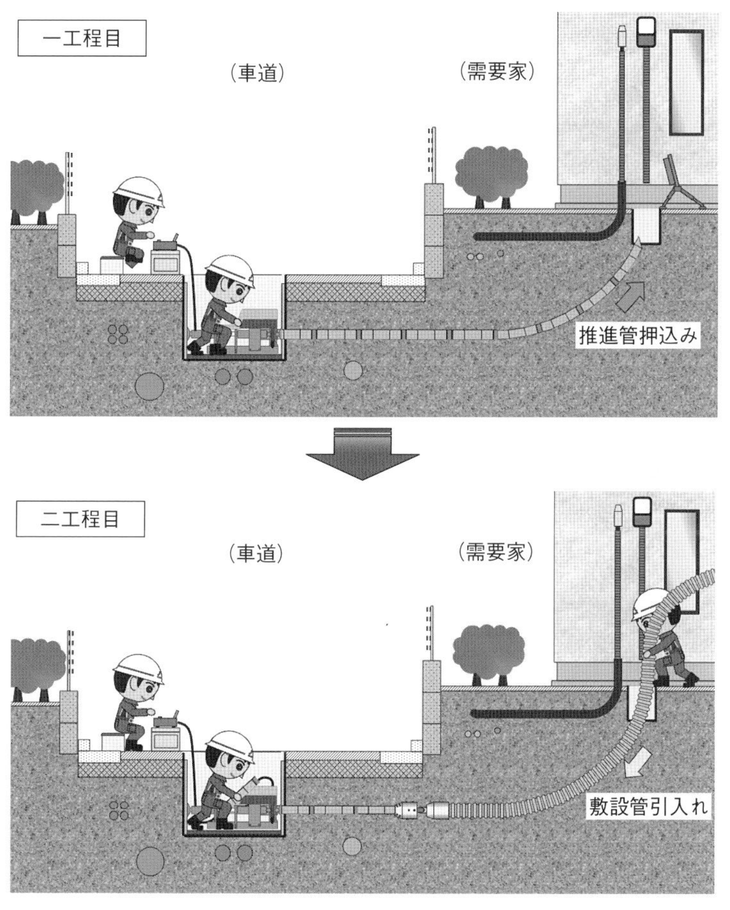

図 27　小口径推進工法の施工イメージ
提供：（株）関電工

配電設備の事故と予防・保守を知ろう！

5部

主な事故原因と対策

配電設備は，雷や風雪雨，鳥獣害ならびにクレーンや飛来物などの他物接触，経年劣化などの様々な要因によって電気的な故障（短絡，地絡，断線など）が発生します．この電気的な故障のことを「配電線事故」と呼びます．

1．配電線事故の分類

配電線事故は，現象によって以下のように分類できます．

(1) 短絡事故

短絡事故とは，雷，飛来物，ヒューマンエラーなどにより，本来絶縁されているべき配電線の導体間が直接結合されてしまう事象です（**図1**）．

この場合，電気抵抗がほぼゼロ，あるいは非常に小さい状態となるので非常に大きな事故電流が流れます．これを「短絡電流」と呼びます．その値は配電系統の状況や事故様相によって異なりますが，十数kAにも達する場合があります．

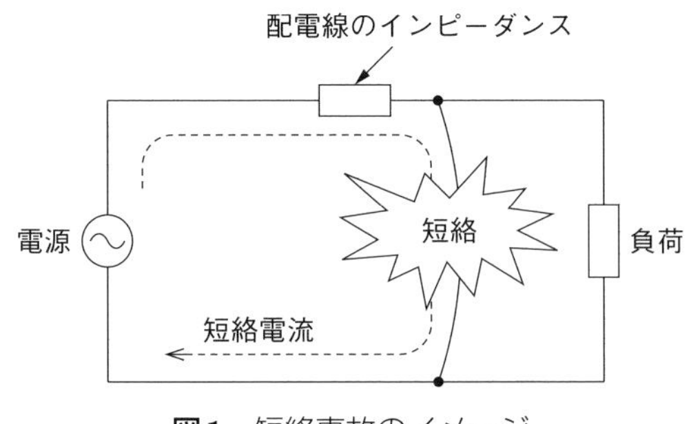

図1　短絡事故のイメージ

(2) 地絡事故

樹木接触などによって，本来絶縁されているべき配電線の導体 1 本と大地の間が直接結合されてしまう事象です（**図 2**）．このときに流れる電流を「地絡電流」と呼びます．その値は，配電系統の状況（接地方式）や事故の様相（地絡抵抗値）によって異なりますが，6.6 kV 高圧配電系統は一般に中性点非接地系であることから，数百 mA から数十 A と比較的小さなものになります．

また，複数の導体が大地を介して地絡する場合は，前述の短絡事故と地絡事故が混合した状態となり，異相地絡事故と呼ばれます．

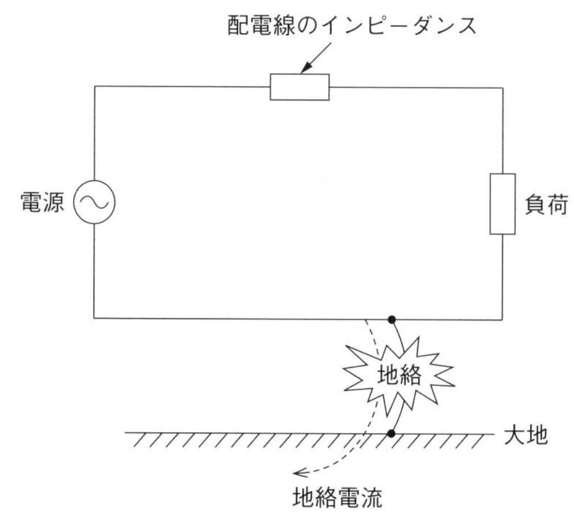

図 2　地絡事故のイメージ

高圧配電系統における短絡事故，地絡事故のイメージを**図 3** に示します．

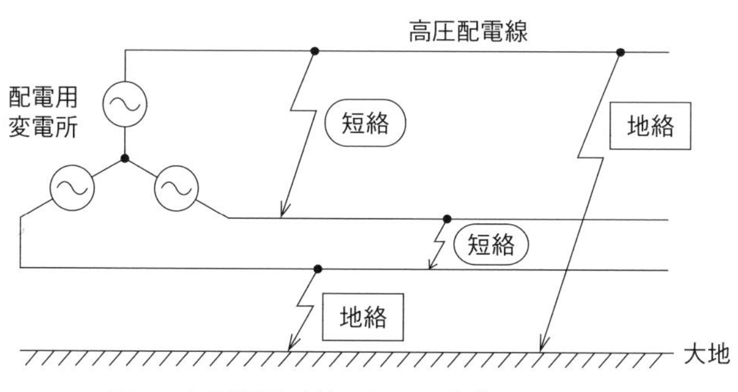

図 3　高圧配電系統における事故のイメージ

(3) 断線事故

配電線が，台風や地震時に発生する樹木や建物の倒壊などにより切断される事象です．

2. 高圧配電線路の事故原因・事故件数・事故率

高圧配電線路における事故原因（架空配電線路と地中配電線路の事故の合計）を**図 4** に示します．図 4 の中に記載はしていませんが，経済産業省「令和 4 年度電気保安統計」によれば，全事故件数は 14,058 件であり，そのうち 13,849 件（98.5 %）が架空配電線路で発生しています．したがって，図 4 は概ね架空配電線路の事故原因の傾向といえます．原因として多いのは，やはり自然災害（風雨や雷，水害など），樹木などの他物接触となっています．

一方，地中配電線路は，設備の多くが地中に埋設されていることから自然災害による影響を受けにくく，その件数は 209 件（1.5 %）です．主な原因は，自然劣化，公衆による故意・過失（道路掘削など他企業工事による配電設備への損傷事故），製作不完全となっています．

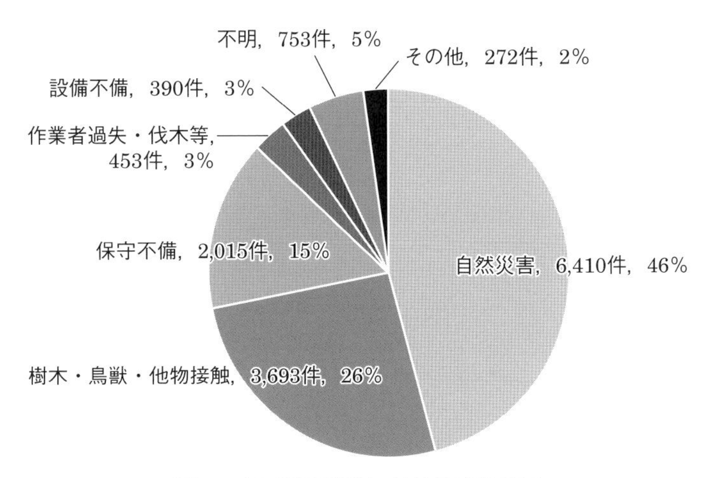

図 4　高圧配電線路における事故原因
出典：経済産業省，令和 4 年度電気保安統計，p.23 より著者作成

次に，高圧配電線路における事故件数と事故率の年度推移を**図 5** に示します．ここで事故率とは，架空配電線路は亘長 100 km 当たり，地中配電線路は延長 100 km 当たりの事故件数を意味します．事故率は，架空配電線路の場合は自然現象の影響を大きく受けることから，年度によってかなり変動が見られ

ますが，地中配電線路はその影響をあまり受けませんので，大きな変化は見られないことがわかります．

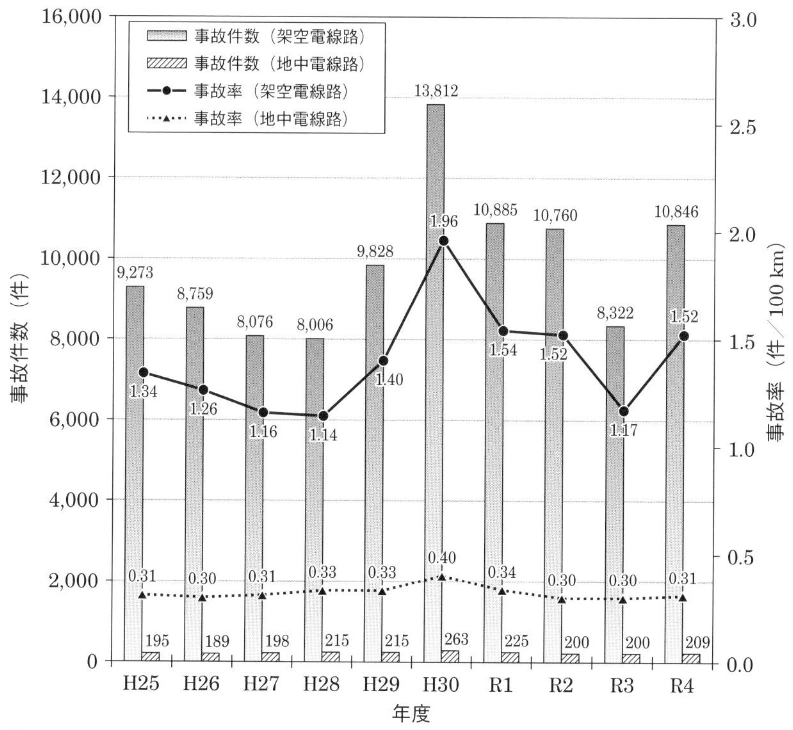

（備考）
1. 事故率は，架空は亘長100 km当たり，地中は延長100 km当たりの事故件数である．

図5　高圧配電線路の事故件数と事故率の推移
出典：経済産業省，令和4年度電気保安統計

3. 配電線事故への対策

(1) 雷害対策

配電用機器の絶縁は，線路の開閉時などに配電系統内で発生する内部異常電圧に対しては十分耐え得るものになっていますが，雷に対しては，誘導雷はまだしも，直撃雷について十分耐えるようにすることは困難です．そこで，避雷器を有効に活用することが一般的です．避雷器は配電設備を保護するために，それらの絶縁破壊電圧よりも低い電圧で放電を開始し，制限電圧以下に抑えることによって配電線路や機器を保護します．

① 配電設備への雷撃

配電設備における雷の様相は，直撃雷，誘導雷，逆流雷に類別されます．直撃雷は配電設備へ直接落雷するもので，流入電流，発生電圧ともに非常に大きいものです．例えば，20 kA の雷電流が配電線に直接流れると，**図 6** に示すように，10 kA の雷電流が配電線路の両側に流れることになります．

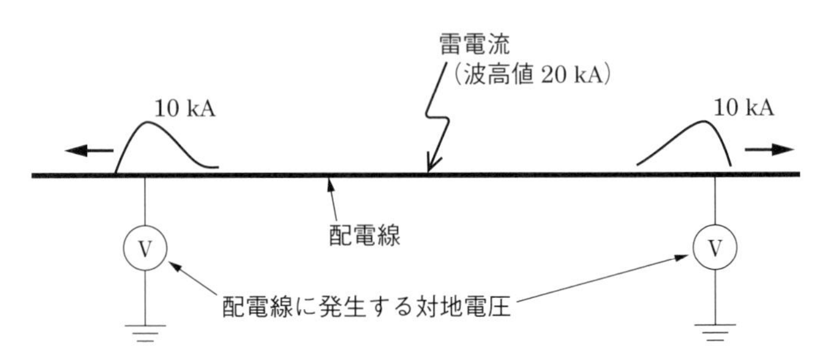

図 6　配電線への雷直撃により発生する雷過電圧

図 6 の例で，配電線のサージインピーダンスを 400 Ω と仮定し，過電圧を V［V］，サージインピーダンスを Z［Ω］，雷電流を i［A］とすると，$V=Z\times i$ より，発生する雷過電圧は $V=400\times10=4{,}000$ kV と非常に大きくなります．この雷過電圧が，配電設備の絶縁耐力を超過すると，絶縁破壊が発生し，配電線事故にいたります．

誘導雷は，配電線の近傍（例えば，樹木や建物など）に落雷した場合に，雷撃電流による電磁界の急変により，配電線路に発生する過電圧です．

逆流雷は，配電線近傍の負荷設備である構造物やアンテナなどに落雷した際に，配電線側に雷電流の一部が侵入する現象のことです．

② 配電設備の絶縁設計

雷に対する絶縁強度として，JEC-0102-2010「試験電圧標準」などの規格に規定されている雷インパルス耐電圧（LIWV：Lightning Impulse Withstand Voltage）があげられます．配電系統における絶縁設計の基本的な考え方は，避雷器によって雷過電圧を抑制し，絶縁破壊の発生頻度を低減するというものです．

雷被害は，雷過電圧の影響範囲内で絶縁強度が低い箇所において発生する傾向にあります．仮に事故が発生した場合も，極力影響範囲が少なく，かつ復旧作業が容易になるよう並列機器（変圧器など）よりも直列機器（高圧がいしなど）の絶縁強度を大きくし，直列機器での被害発生頻度を低減させています．このように，配電機器の絶縁レベルに意図的に格差を設ける考え方を絶縁協調といいます．この考え方に基づき，配電設備は機材ごとに異なる絶縁強度（雷インパルス耐電圧）で設計されています（**図7**）．

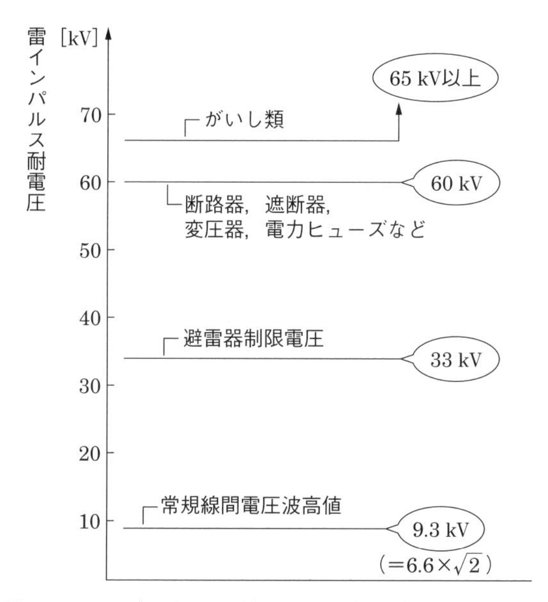

図7　6.6 kV高圧配電系統における絶縁協調のイメージ

③　配電設備の雷害対策

雷による被害から配電線および配電機材を保護するために，様々な対策機材が開発・適用されています．架空配電設備の落雷に対する対策としては，高圧配電線路への避雷器の設置，架空地線の設置，高圧引通しがいしへの放電クランプ取り付け，耐雷素子内蔵機器の適用などがあげられます．以下に，各機材の概要について述べます．

a.　避雷器

避雷器とは，配電線路と大地の間に設置され，配電系統に発生する過電圧を抑制し，配電設備の絶縁破壊を防止する機器のことです（**写真1**）．

現在は，酸化亜鉛素子（ZnO）を用いた避雷器が主流になっています．酸化亜鉛素子は常時の電圧に対しては高い絶縁性能を有し，雷による過電圧が加わった場合に良導体となる特性を有します．この特性によって，雷過電圧の発生時に雷電流を速やかに大地に流して対地電位の上昇を抑制することで，配電設備を保護する効果があります．

写真1　配電用避雷器の設置例と外観
出典（右）：(株)明電舎

b.　架空地線

架空地線（GW：Ground Wire）とは，電柱の頂部に設置する接地された遮へい線のことで，雷から配電線を保護する役割を担います（**写真2**）．雷電流が架空地線に分流することにより雷過電圧を低減させ，その結果として配電設備

写真2　架空地線の設置例

の絶縁破壊を防ぎます．

前述の避雷器，架空地線による一般的な耐雷対策のほかに，高圧配電線や柱上変圧器などの個別機器の保護を目的とした耐雷対策が各電力会社で実施されていますので，以下に説明します．

c. 高圧引通しがいしへの放電クランプ取り付け

1965年後半から進められた配電線路（従来は裸電線）の絶縁電線化は，公衆保安や作業安全，配電線路の事故防止に大きな成果を上げましたが，一方で，雷被害による高圧絶縁電線の断線事故が散見されるようになりました．

そこで，雷による高圧配電線の断線やがいしの破損を防止するため，架空送電線で使用されているアークホーンと同じ原理を使った放電クランプが採用されました．放電クランプは**写真3**に示すように，高圧引通しがいしの上部にフラッシオーバ用の金具を取り付け，この金具と腕金との間，あるいは放電クランプ用L金具との間で雷サージによる放電と，これにともなう続流の放電を行わせ，高圧がいしの破損や高圧配電線の断線を防止します．この場合，絶縁電線は被覆を取り除いて設置されますので，充電部が露出しないよう，絶縁カバーが取り付けられます．

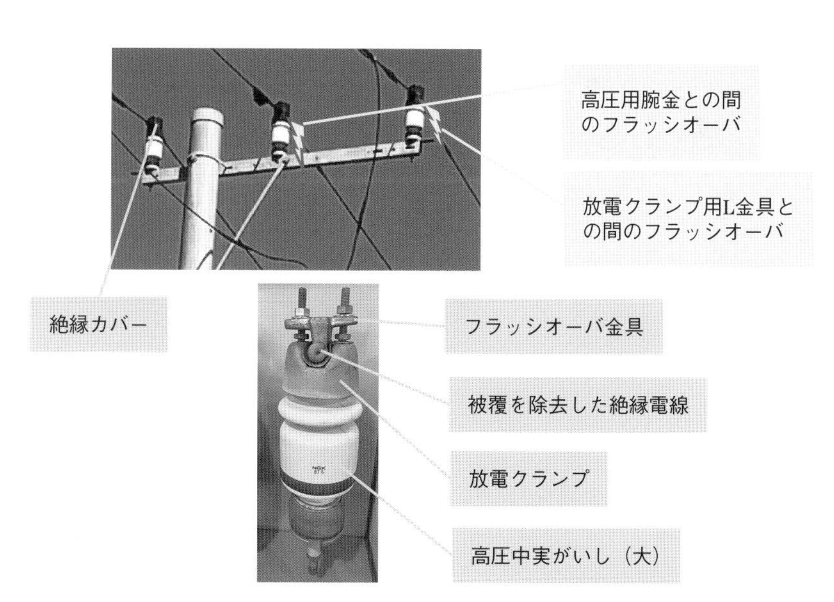

写真3　放電クランプのフラッシオーバのイメージ(上)と外観(下)
出典（下）：東京電力ホールディングス(株) 電気の史料館

d. 高圧クランプがいし用限流素子

絶縁電線の断線防止を目的とした機材で，気中ギャップと酸化亜鉛素子から構成されています（**写真 4**）．気中ギャップがありますので，高圧配電線と直接接続する必要がなく，後から設置する際も工事が容易であるというメリットがあります．一方で，この気中ギャップによる放電動作の遅れのため，一時的に高圧配電線に過電圧が発生する可能性もあります．

この限流素子の動作後は，酸化亜鉛素子の効果により，フラッシオーバ後の短絡電流を消弧することができますので，避雷器と同様に高圧配電線の保護に非常に有効です．

写真 4 高圧クランプがいし用限流素子

e. 耐雷素子内蔵機器の採用

柱上変圧器や開閉器など機器類の雷サージに対するより効果的な保護と装柱簡素化のため，酸化亜鉛素子を内部に組み込んだ機器が採用されています．

その一例である耐雷素子内蔵変圧器は，**写真 5** 右に示すように，柱上変圧器内部の絶縁油中に耐雷素子が設置されています．雷サージは，変圧器内部 → 1 次リード線 → 耐雷素子 → 変圧器ケースを通じて大地へ放電され，変圧器は損傷から防止されます．

柱上変圧器のほかに，開閉器や高圧カットアウトといった機器類にも耐雷素子が内蔵されたタイプがあります．

雷害対策としては，検討対象地域の年間雷日数（「**4 部 図 20**」参照），落雷に対する配電線事故・設備被害の発生件数や内容，その年度推移などを勘案して，上記の機材を効果的に適用します．

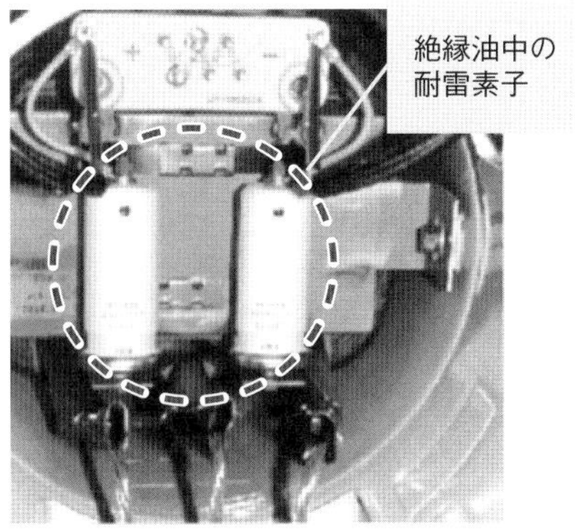

写真5　耐雷素子内蔵柱上変圧器の外観と絶縁油中の耐雷素子
出典：（左）東京電力ホールディングス（株）電気の史料館，（右）（株）明電舎

(2) 塩害対策

① 機器の塗装と亜鉛めっきによる保護

柱上変圧器など機器類のタンクやカバーは，鋼材の表面に塗装が施されます．しかし，強塩害地区に設置された変圧器は，タンクの腐食や発錆が通常よりも速いので，内部の絶縁油やコイルなどの主要材料は性能的に問題がないにもかかわらず，比較的短期間で取り替えが必要となることが多い傾向にあります．こういった地域に設置する変圧器については，変圧器のタンクに溶融亜鉛めっきを行い，その上に塗装を施すことで防錆効果を向上させたタイプが適用されています．

塗装のみの場合，塗装は大気を遮断する働きをもっていますが，変圧器の設置工事時や設置後，飛来物などが当たって表面に傷がつき，塗装の被膜がやぶれると，鉄素地が大気にさらされ腐食が進みます．これに対して，溶融亜鉛めっきと塗装処理をしている変圧器は，亜鉛めっきの被膜に傷が生じて鉄素地が露出した場合でも，イオン化傾向が大きい亜鉛めっき被膜が鉄素地よりも先に溶け出すことにより鉄素地が保護されます．これを「犠牲防食作用」（**図8**）といいます．

② 塩害による配電設備への影響

日本は海に囲まれた島国であり，台風や強風にさらされることが多いので，架空配電設備は広範囲で塩害を経験してきました．塩害による配電線事故の原因の大半はトラッキングといわれており，その発生メカニズムは以下の通りで

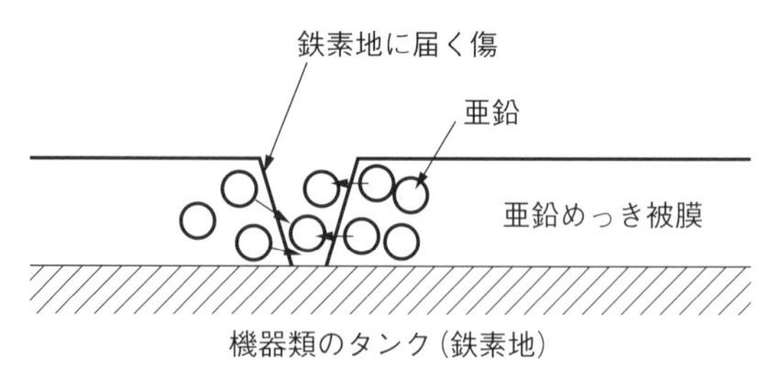

図8　犠牲防食作用のイメージ

す．

絶縁電線の表面が塩分などで汚染された状態で湿潤（しつじゅん）をともなうと，電線表面に漏れ電流が流れる → その発生熱により局所的に乾燥帯が生じる → この乾燥帯により導電路が分断されて微小放電が起こり，その放電箇所で炭化物が生成される → これが繰り返されることにより導電経路が形成される

以上の現象を「トラッキング」といい，トラッキングが発生した結果，絶縁電線の被覆が損傷を受けるなどの不具合が発生します（**写真6**）．

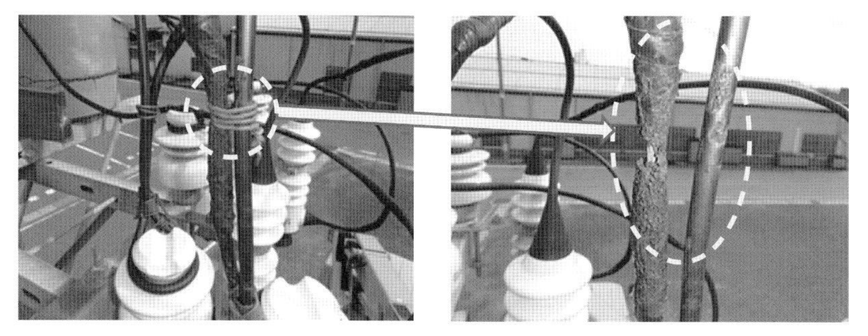

写真6　トラッキングによる電線被覆の損傷事例
出典：ああ今日も点検日和　http://tenkenbiyori.blog.fc2.com/blog-entry-2425.html

通常の塩分付着であれば雨で洗い流されますが，台風時または強風時に雨をともなわない海からの風により，海岸付近だけでなく，数 km～数十 km 内陸に入った場所にも塩分を含んだ風が侵入し，配電設備に塩分が付着してトラッキングなどが発生することがあります．塩害による事故を最小限にするため，がいしの耐汚損設計は以下に示す考え方によっています．

③　がいしの耐汚損設計の基本的な考え方

6.6 kV 高圧配電系統に使用されるがいしは，一線地絡時の健全相対地電圧である約 7 kV に対して，与えられた汚損度（塩分付着密度）で耐える必要があります．

さらに，高圧配電線に使用されるがいしは，前述したトラッキングを防止するために漏れ電流の遮断性能が重要になります．がいしの漏れ電流遮断性能を高めるためには磁器の形状を工夫し，沿面距離（表面漏れ距離）を極力長くすることが重要です．**写真 7** に，これまで採用されてきた高圧がいしの変遷を示します．上記のように，塩害対策として沿面距離を長くする必要があることなどから，徐々にがいしも大型化しています．

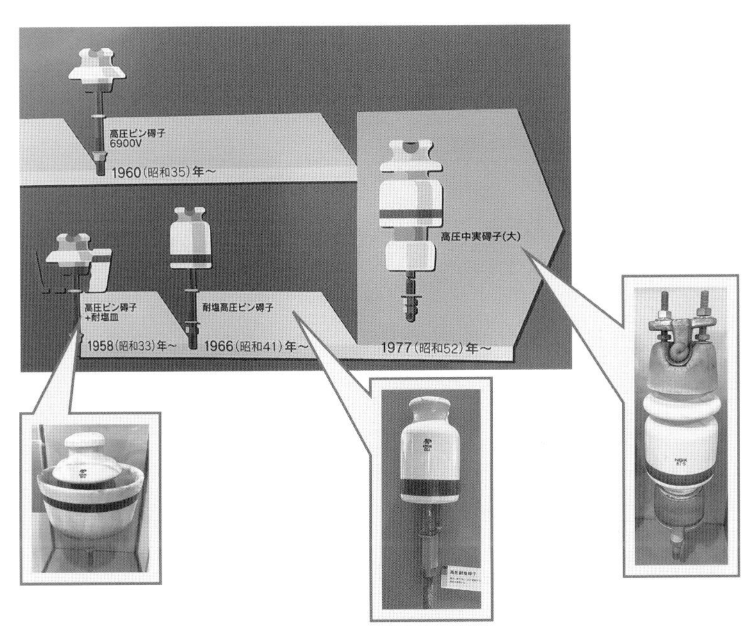

写真 7　高圧引通し用がいしの変遷
出典：東京電力ホールディングス(株) 電気の史料館

(3) 雪害対策

雪による被害としては，電線に雪が付着して電線外径が大きくなり，その結果として電線の自重や風圧荷重が増加するという機械的外力による電線の断線，電柱や腕金の傾斜などがあげられます．

① 着雪発生のメカニズム

電線への着雪は降雪時にいつでも発生するものではなく，気温，風速，降雪の湿度などに左右され，条件が整えばどこでも発生する可能性があります．**図9**に示すように，電線上部に積もった雪は風や電線の捻れで下方へまわり込み，さらに雪が積もることで，次第に筒状に成長して大形化していくことがわかっています．

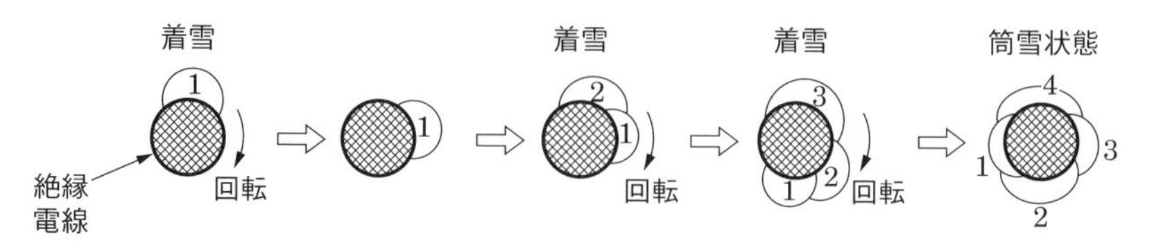

図9　絶縁電線における着雪の成長過程のイメージ

②　難着雪対策

過去の雪害による大きな被害の経験をふまえ，現在では絶縁電線にヒレを付けた難着雪電線（ヒレ付き電線）が使用されています（**図10**）．電線の上に積もった雪は，図10に示すように回転しながら成長しようとしますが，難着雪電線では雪はヒレにぶつかって回転を阻止されます．そこへさらに雪が積もるとバランスを崩して落下するという仕組みです．

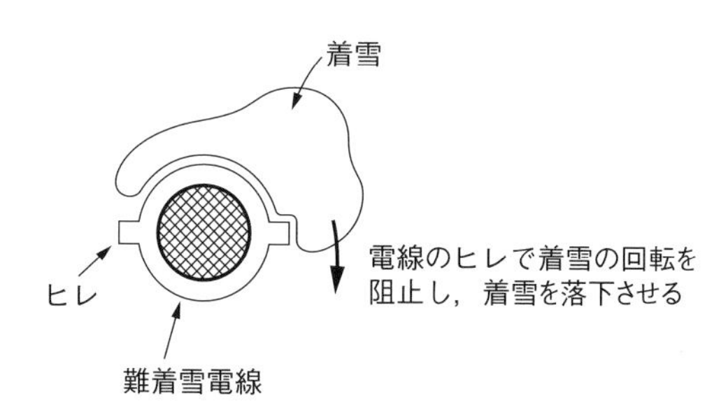

図10　難着雪電線（ヒレ付き電線）とその効果

絶縁電線は，「**1部　写真22**」でも示したように，例えば，「SN-OE ACSR 32 mm^2」と表記されますが，最初の「SN」が難着雪電線であることを意味しています．

停電復旧の方法

1．配電用変電所からの配電線の引出し

停電復旧を考えるための基本情報として，配電線は配電用変電所からどのよ

うに引き出されているのかを理解しておく必要があります．22 kV ならびに 6.6 kV 配電線は，一般的に 66 kV（154 kV)/22 kV，66 kV（154 kV)/6.6 kV の配電用変電所において，22 kV または 6.6 kV 母線から 6～8 回線程度がそれぞれ遮断器，断路器を介して引き出されています．

それらの配電線は，上記の配電用変電所内から地中ケーブルで引き出され（この部分が「**2 部 図 8**」における「フィーダ」に当たります)，6.6 kV 配電線の場合は，配電用変電所付近の電柱に立ち上がり，架空配電線に接続されるケースと，地中化エリアにおいて多回路開閉器に接続されるケースがあります．

2．高圧配電系統の構成に関する基本的な考え方

6.6 kV 高圧配電線は，配電用変電所から需要家引込口あるいはその付近までの電力流通設備であり，主に道路沿いに設置されています．そして，配電線路は新規の電力需要発生の都度，新たに設備を構築・延長しますので，地域の需要分布に合わせて放射状になっていることが一般的です．

また，高圧配電線の系統構成は，配電線事故発生時の事故（停電）区間の縮小化と，健全区間への逆送により系統信頼度の向上を図るため，下記の開閉器を施設することが標準になっています．

・配電線の幹線を適当な区間に分割する開閉器 →「幹線開閉器」

・分割された区間ごとに隣接配電線から逆送できる開閉器 →「連系開閉器」

したがって，配電線の幹線は連系線（連系開閉器）によって隣接する配電線と連系され，配電線の事故発生時にすべての健全区間は連系線（連系開閉器）を通して隣接配電線に一時的に切り替え可能な，いわゆる「多分割多連系」方式が採用されています（**図 11**)．

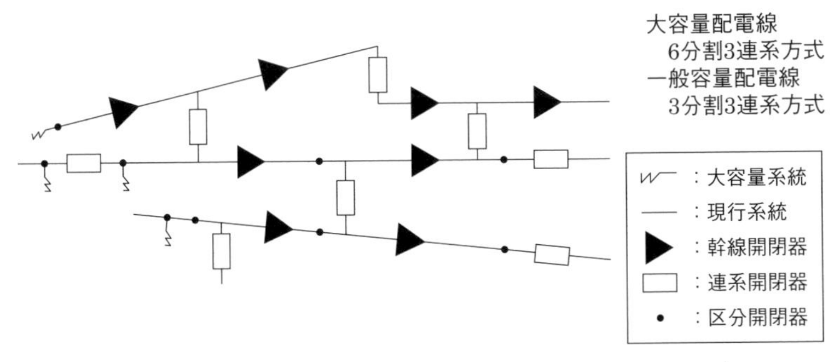

図 11　高圧架空配電系統の多分割多連系方式のイメージ
出典：東京電力パワーグリッド(株)

多分割多連系配電線における各配電線は，隣接配電線の事故発生時に連系線を通して隣接区間の負荷を一時的に分担しますので，事故時の負荷の切り替えによって自配電線の系統容量を超過しないよう，通常時は余力をもたせて運用する必要があります．

3. 時限式事故捜査方式

配電自動化システムの導入以前より，国内では高圧配電線の故障区間を発見する方法として，線路に設置してある区分開閉器を利用した「時限式事故捜査方式」が用いられています．これは，高圧配電線の停電復旧方法の理解に大切なポイントですので，**図 12** を用いて各開閉器の動きを細かく説明します．

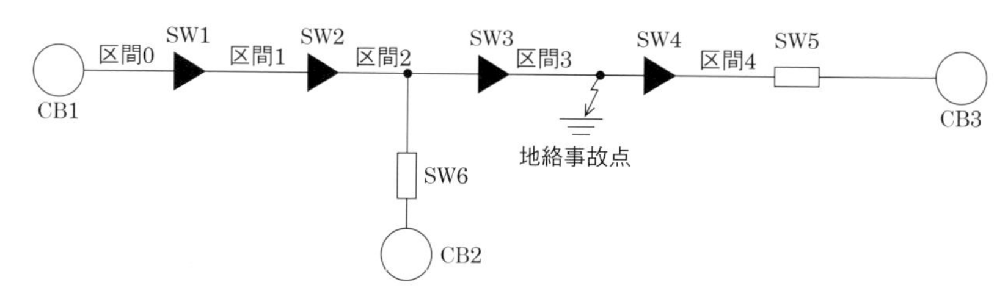

図 12　高圧配電線事故時の開閉器の動き(地絡事故点：区間3)

図 12 では，配電用変電所の遮断器 CB1 から引き出された配電線，CB2 から引き出された配電線，CB3 から引き出された配電線の合計 3 つの高圧配電線を考えます．そして，CB1 から引き出された高圧配電線は，線路の途中に設置された 4 つの区分用自動開閉器（SW1，SW2，SW3，SW4）によって，5 つの区間（区間 0，区間 1，区間 2，区間 3，区間 4）に区分されています．また，2 つの連系用開閉器（SW5，SW6）によって隣接する 2 つの配電線（CB3 からのもの，CB2 からのもの）と連系されています．

この高圧配電線の区間 3 で地絡事故が発生した場合を考えてみます．事故発生後，CB1 の遮断器が「切」となり（CB1 トリップ），区間 0～区間 4 の全区間が停電となります．そして，区分用自動開閉器 SW1～SW4 がすべて「切」になります．

CB1 は，一定時間（通常 1 分間程度）経過後，配電用変電所の再閉路継電器によって再度投入され，区間 0 に電力が供給されます．その後，区分用自動開閉器 SW1 は，時限順送機能により，例えば 7 秒後に「入」となり，区間 1 へ電力が供給されます．以後，同様にして，その 7 秒後に SW2 が「入」，さらに 7 秒後に SW3 が「入」となりますが，SW3「入」によって事故区間 3 に電力が供給されますので，再び地絡事故が検出され，CB1 が遮断動作します（再遮断）.

CB1 再遮断後は，再度，再閉路継電器により一定時間後に CB1 が投入されます（これを「再々閉路」といいます）．このとき，区分用自動開閉器は時限順送機能によって SW1，SW2 が順番に「入」となりますが，SW3 については再閉路時の「入」制御の直後に停電しているためロック機構が働いて「切」のままとなり，事故区間 3 以後の負荷側（区間 3，区間 4）へは送電されず，時限式事故捜査方式における事故区間切り離しはここで完了します.

ここでお気づきかもしれませんが，現時点では故障区間 3 よりも電源側の健全区間（区間 0，区間 1，区間 2）は正常に送電されていますが，区間 4 は事故点が存在する区間ではないにもかかわらず停電したままとなっています．この区間 4 に電力を速やかに供給できるよう，隣接する配電線から供給する手順を検討する必要があります．このケースでは，連系用開閉器 SW5 を投入，すなわち「入」にして CB3 からの配電線によって供給する手順を選定し，SW5 の投入操作を作業員が現地に出向して手動で行います．以上で故障区間 3 の切り離しと負荷側健全区間 4 への送電が完了します.

以上のように，時限式事故捜査方式によって故障区間の検出が速やかに行われますが，故障区間より負荷側の健全停電区間については，連系用開閉器 SW5 の投入操作のために現地へ出向する人手と時間を要していました．そこで，健全区間への一層の停電時間短縮の観点から，現地に行かなくても開閉器の入/切操作ができる遠方制御機能が望まれるようになりました．さらには，電力需要の増加にともなう配電系統の大容量化や，多段切替などの複雑な系統操作に対応するためにも，各開閉器や系統の情報を収集し，配電系統全体の状態を把握できるようにすることが必要となり，配電自動化システムの開発と導入検討が進められました.

4. 配電自動化システム

(1) 配電自動化システムの導入目的と効果

1960 年代以降の高度経済成長にともない，電力需要の伸びが非常に大きくなるとともに，一層停電が少ない高信頼度の電力供給が求められるようになりました．各電力会社では，面的に広がる配電系統の状態監視と制御を行い，配電線事故時の一層の早期復旧と現地における開閉器操作の省力化（人手から遠方操作へ）を目的として，配電自動化システムが開発・導入されました.

配電自動化システムの導入による効果としては，電力供給の信頼度向上，業務効率化，設備利用率の向上などがあげられます.

a. 電力供給の信頼度向上

すでに述べたように，配電自動化システム導入以前は，高圧配電線で短絡事故，地絡事故による停電が発生すると，現地機器と配電用変電所リレーが協調して，再送電によって事故区間を検出し（時限式事故捜査方式），その情報を基に電力会社の事業所から作業員が現地へ出向し，現地で開閉器を操作することにより，事故区間以外の健全区間への送電を行っていました．

一方，配電自動化システム導入後は，事業所から幹線開閉器と連系開閉器の遠方監視・遠方操作が可能となり，配電線事故時に作業員が現地出向することなく事故区間以外の区間への送電を行うことができるようになりました．その結果，健全区間の停電時間（供給支障時間）を大幅に低減できるようになりました（**図 13**）．

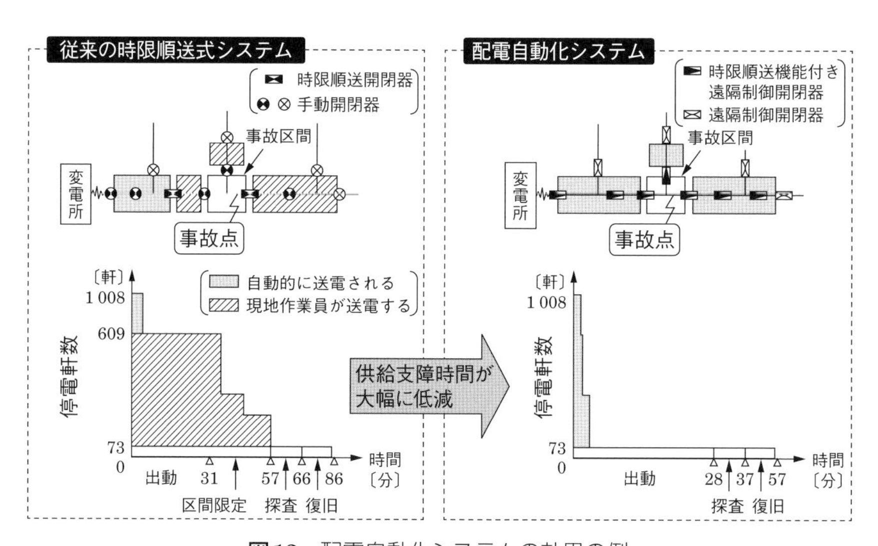

図 13 配電自動化システムの効果の例
出典：(一社)電気学会（編），電気工学ハンドブック（第 7 版），オーム社，2013 年

b. 業務効率化

配電自動化システム導入以前は，高圧配電線の停電発生時のみならず，平常時の配電線工事の際，停電範囲縮小のために各区間に設置されている開閉器の操作によって高圧配電系統を変更する系統切替操作を，電力会社の作業員が現地出向して手動により実施していました．

配電自動化システム導入後は，事業所から幹線開閉器と連系開閉器の遠方操作が可能となったため，現地出向する必要が少なくなり，それまでの移動時間や作業時間が不要になるなど，業務効率化が実現されました.

c. 利用率の向上

高圧配電線は，隣接する高圧配電線に事故が発生した際，連系する区間の負荷電流を緊急避難的に取り込むことを考慮し，通常時は絶縁電線やケーブルに物理的に流し得る電流値に対して裕度をもたせた運用を行っています.

配電自動化システムの導入後は，隣接する配電系統だけでなく，さらに離れた配電系統からも融通をする「多段切替」（**図 14**）を遠方操作により短時間で行うことが可能となりますので，通常時は高圧配電線のより高稼働な運用が可能となり，設備利用率の向上，具体的には高圧配電線の系統容量を増加（450 A → 510 A）させることが可能になりました（「**2 部 表 4**」参照）.

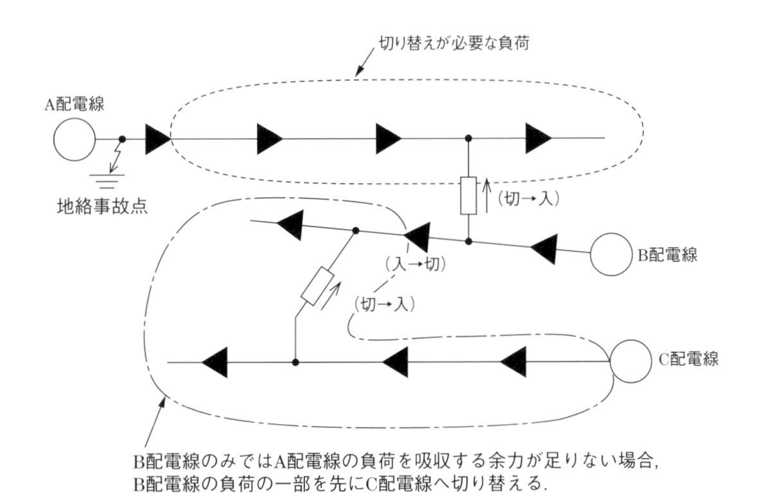

図 14　配電線事故発生時の多段切替のイメージ

(2) 配電自動化システムの構成

配電自動化システムは，電力会社の事業所に設置する親局と，現地に設置する自動開閉器および子局から構成されます．親局と子局とをつなぐ通信方式は，配電線に信号を重畳して通信を行う配電線搬送方式，通信線搬送方式などがあります.

配電線搬送方式は文字通り，高圧配電線路を信号路として用いて信号を送受信する方式のことです．配電線搬送方式は，高圧配電線が配電系統に設置している機器に直接接続されており，新たに通信線を設置する必要がありません.

そのため，配電線の拡充や移設など設備変更の頻度が他の電力設備に比べて大きい配電線に適した方式として採用され，配電自動化の導入時から今日に至るまで利用されています．この方式では，高圧結合器が配電線搬送信号の受信と子局からの信号を配電線に重畳して信号の送受信を行っています．

① 親局

親局は電力会社の事業所に設置され，現地の自動開閉器および子局の遠方監視・制御を行います．親局はシステムとして高い信頼性を確保するため，サーバを二重化することが多く，電力会社の上位系システムや業務系システムと連係することで，多様な機能を実現することも可能です．

配電系統に設置している自動化機器の状態や線路の充停電の情報は，親局の操作卓のモニタで可視化され，リアルタイムで高圧配電系統や配電用変電所の現在の状況を把握することができます（**写真 8**）．

写真 8 高圧配電系統・配電用変電所の監視・制御室の例
出典：東京電力パワーグリッド(株)

② 自動開閉器・子局

自動開閉器と子局は現地で，一対で設置されます（**写真 9**）．親局から通信線（高圧配電線）と高圧結合器を介した子局への信号により，自動開閉器の遠方制御と監視を行います．

自動開閉器は，配電自動化システムの導入以前から高圧配電系統に設置されている手動開閉器と開閉器としての基本構造や機能は同じですが，親局からの遠方監視・制御に対応する機能が追加されています．子局は自動開閉器とケーブルで接続され，自動開閉器の監視・制御を行います．

写真 10 に最近の自動開閉器（各種センサ内蔵）と子局（光/配電線搬送の両方式に対応）の例を示します．

写真9　高圧結合器・自動開閉器・子局の設置例

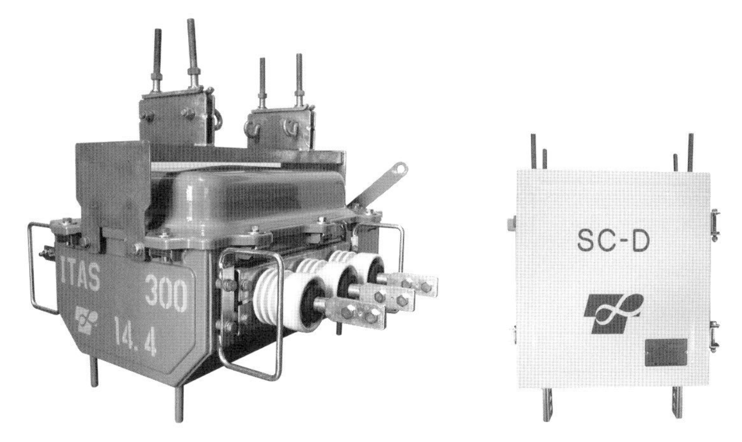

写真10　最近の自動開閉器（左）と子局（右）の例
出典：(株)東光高岳

(3) 配電自動化システムの機能

配電自動化システムの導入以降，現場ニーズにより機能拡充が実施され，現在は様々な機能を有しています．ここでは，主要機能である「監視・制御機能」，「系統運用支援機能」について説明します．

① 監視・制御機能

監視機能とは，配電用変電所の運転情報を配電自動化システムに取り込み，高圧配電系統の状態表示や自動化機器の監視・計測を行う機能です．取得する高圧配電系統・自動化機器の情報は，電力会社事業所の高圧配電系統図にリアルタイムで表示され，配電線事故発生時には，配電系統図上に停電状態を表示すると同時に警報を発生します．

一方，制御機能とは，主に高圧配電系統に設置されている自動化機器を遠方から操作する機能です．遠方操作は，事業所の配電自動化システムオペレーターが操作卓のモニタで，高圧配電系統上の操作したい自動開閉器を選択し，その後開閉器の入・切操作を実施します．また，プログラムにより切替手順を作成・実行し，自動で開閉器の操作を実施することも可能になっています．

② 系統運用支援機能

系統運用支援機能には，配電自動化システムが保有・蓄積している様々な情報を基に，高圧配電系統の切替操作手順の自動作成・実行を行うといった業務の支援機能や，作業員の訓練を目的とした模擬の配電線事故発生とその復旧操作を実施することができるシミュレーション機能などがあります．

また，日々更新される配電設備データや配電系統情報を最新の状態に保つためのメンテナンス機能も，系統運用支援機能として実装されています．

5. 次世代配電自動化システム

近年，太陽光発電などの分散型電源の普及とその配電系統への連系により，電圧上昇への対応や負荷電流の正確な把握といった配電系統におけるより高度な情報把握が必要になりつつあります．

配電自動化システムは，配電線搬送方式で自動開閉器（幹線用・連系用）の監視・制御を行っていますが，高圧配電系統における大量の情報（各ポイントにおける電圧・電流値など）をリアルタイムで把握することまでは困難です．そのため，今後の配電系統の一層の運用高度化のために光通信方式導入の必要性が生じています．高圧配電線の搬送方式から光通信方式への更新を含め，センサ内蔵自動開閉器やその制御器の設置が進むと，以前よりも多くの配電系統情報を迅速に取得できますので，例えば次のようなことが期待できます．

- 計測データに基づく最適な電圧対策の実施
- 正確な区間電流値の把握に基づく，より高度な配電系統運用
- 配電線事故の予兆発生区間の特定による事故の未然防止

巡視・点検方法

1. 巡視・点検の目的

(1) 巡視・点検の基本的な考え方

配電線路は支持物，電線，変圧器，開閉器など形状や性能の異なる多数の機材から構成され，広範囲に設置されています．また，配電線路は需要場所近くに設置されているので，家屋の新・改築あるいはテレビアンテナ，看板の設置など，周囲の環境変化により保安上危険な状態になる場合や，土木・建築現場での鉄材やクレーンなどの接触による配電線の損傷，感電災害，停電事故などを引き起こすおそれがあります．

また，配電線路は屋外に設置されますので，雨，台風，雪，雷など自然環境の影響を受けるなど非常に過酷な状況で使用されているうえ，機材自体の経年劣化もありますので，公衆に対する安全確保ならびに供給信頼度の観点から，保守業務，特に巡視・点検については重要な役割になっています．

配電設備の巡視・点検業務を的確に実施することによって，電気設備技術基準に適合するよう配電設備を維持するとともに，公衆災害や設備事故の未然防止を図ることが可能になります．この巡視・点検の対象設備や内容・周期については，法令および各電力会社が定めている保安規定に基づきます．

配電設備の「巡視」の目的は，配電線路および引込線と他物との離隔距離の良否を主体に，配電線路全体を見てまわり，設備の劣化，他の工作物や樹木の接近などを発見し，緊急度に応じた処置を行って事故の発生の未然防止をすることです（**写真 11**）．

写真 11　配電設備の巡視の様子
出典：東電タウンプランニング(株)

また，配電設備の「点検」の目的は，巡視では目の届かない配電設備の機能の良否確認を主体に，目視や各種装置を用いて詳細に調査し，必要な処置を行って事故の発生を未然防止することです．

配電設備はその量が膨大であるばかりでなく，配電自動化機器など新技術の導入により，巡視・点検の対象となる配電設備自体も変わりつつあります．また，建築工法の変化による家屋やビル新築のスピードアップ，ビル建築現場などにおける重量物の運搬や吊り上げ時にレッカー車を使用するケースが増えていることなどから，感電事故や配電線事故を防止するため，家屋やビル建築の基礎工事の段階からできる限り気をつけておく必要があります．

以上のような背景から，現有のマンパワーの中で，巡視・点検を計画的に効率良く，タイミング良く実施することが重要になります．そのためには配電設備の実態を的確に把握することが必要であり，各設備の個別データ（製造年，製造メーカー，種類，容量，設置年など）をデータベース化するとともに，経過年数別，種類別，稼働率別など各種の視点から必要データを随時取り出せるようにしておくことも大切です．

また，このような設備管理データを基に巡視・点検を効率良く実施するため，対象設備についての，巡視・点検事項，巡視・点検の周期，巡視の経路，不良箇所発見時の処置方法などを事前に決めておく必要があります．

昨今のように電力需要の伸びが鈍化してくると，配電設備の拡充工事の機会が減少しますので，設備更新の機会も以前よりも減少することが予想されます．一方で，電気保安や供給信頼度の維持・向上に対する社会の要求は，今後ますます高まるものと思われます．このため，巡視や点検の果たす役割は非常に重要なものとなります．膨大な設備量に対してどのように効率的に，タイミング良く巡視・点検を実施するかは各電力会社の腕の見せどころかもしれません．

(2) 巡視・点検の種類と周期

巡視には，環境変化の多い地域，樹木など伐採の多い地域等の地域特性，設備実態，季節，過去の事故実績などを考慮して巡視地区を区分し，最も適当な周期および時期を定めて行う「定期巡視」と，過去の事故実績や地域実態などから定期巡視を補足する必要がある場合などに行う「臨時巡視」があります．

定期巡視の種別や周期は電力会社や地域によっても異なりますが，**表 1** はその一例です．

点検も同様に，設備の劣化・損傷状況および自動化機器の動作状況などを主体に点検周期を定めて行う「定期点検」と，配電線事故やその他の異常が発し

表1　定期巡視の種別と周期の一例

種　別	周　期
環境変化が多い地区	1回/2か月
環境変化が予想される地区	1回/6か月
樹木等伐採の多い地区	1～2回/年
上記以外の地区	1回/2年

たときなどに特定の設備を調査する場合などに行う「臨時点検」があります．

2. 巡視・点検の方法

主として地上からの目視により，配電設備の劣化や不良，電線路と他物との接近の有無などの調査を行い，不良箇所を発見した場合は，事前に決めておいた処置ルールに基づき適切に改修するよう手配をするとともに，簡単な不良箇所は応急仮手当などを行います．巡視・点検時に留意する事項は，次の通りです．

(1) 巡視

配電設備の全般にわたり巡視することはもちろんですが，単独で行える巡視範囲には限りがありますので，重要な箇所の見落としをしないよう，その土地の状況や気候その他を考慮した着眼点を事前に決めておきます．また，臨時巡視は，その時々の実施目的に合った着眼点を事前に設定して実施します．

定期巡視時の着眼点の例を**表2**に示します．電線類については，地上高や他物との離隔に加えて，**写真12**に示すような建築現場における防護管の取り付

表2　定期巡視時の着眼点の例

配電設備	主な着眼点
電線類・引込線	・道路・鉄道上における地上高 ・建造物・樹木等との離隔 ・弱電流電線（通信線）との離隔 ・建築現場における防護管取り付け状況（**写真12**）
地中電線路	・埋設ルート付近の土壌の陥没や土木工事の有無 ・マンホールの蓋の損傷の有無
支持物	・支持物や支線付近の掘削の有無 ・支持物の地際付近の陥没の有無 ・支持物の傾斜・浮き上がり・沈下の有無

写真12　建築現場における架空配電設備への防護管取り付け状況の例

け状況が着眼点の 1 つになります．

(2) 点検

点検は，配電設備の劣化・損傷状況について，事前に定めた着眼点を主体に地上からの目視により行う「一般点検」と，自動機器などの「動作点検」があります．

① 一般点検

事前に定めた着眼点に基づいて実施し，他物との相対的関係の良否をあわせてチェックします．また，必要により昇柱点検を行います．

主な着眼点の例を**表 3** に示します．

② 自動機器の動作点検

動作点検では試験装置を使用し，点検手順にしたがって機能が正常に動作するか否かを確認します．動作点検は柱上で行う場合もあるので，作業責任者を定めて所定のルールにしたがって行います．自動機器の例としては，自動電圧

表3　一般点検時の着眼点の例

配電設備	主な着眼点
支持物	・建柱位置の適否 ・地際付近の土壌のゆるみなどの有無 ・傾斜，たわみ，浮き上がり，沈下の有無 ・車両の接触などによる外傷や，表面の亀裂の有無
腕金	・著しい湾曲・傾斜の有無 ・著しい発錆や，腐食の有無
がいし	・磁器部の破損・亀裂・汚損の有無 ・ピンの湾曲，ナットのゆるみ，および脱落の有無
支線	・取り付け位置の適否 ・地際付近の土壌のゆるみや，支線下部の浮き上がりの有無 ・素線切れ，外傷，発錆，腐食の有無 ・充電部との離隔の適否
電線類	・電線のキンクや素線切れ，被覆の損傷や短絡痕の有無 ・テーピング不良箇所や，絶縁カバー外れの有無 ・バインド線の外れや，ゆるみの有無
機器類	・外箱の損傷，漏油，腐食，著しい発錆の有無 ・磁器部（機器ブッシング）の汚損，亀裂，アーク痕の有無 ・放圧表示装置（開閉器）動作の有無 ・リード線の損傷，変色，腐食などの有無
地中電線路	・ケーブル外装の損傷や，劣化の有無 ・ケーブルの過熱変色の有無 ・マンホール内の異臭，留水，湧き水の有無

調整器，自動開閉器などがあげられます．

3. 不良箇所発見時の対応

巡視や点検時に発見した不良箇所については，早期対応を図るため，改修工事について緊急度の判定基準を事前に設けておきます．緊急度の判定基準の一例としては，次のようなものがあります．

・「特急」：放置すると，公衆災害や電気火災，配電線事故が発生するおそれがあり，早急な対応が必要なもの．

・「急」：配電設備と他物との相対関係または配電設備自体に不良箇所があり，1か月程度以内に改修をする必要があるもの．

・「普通」：「急」のうち応急措置を施したもので，計画的な改修工事を行えばよいもの．

実務に必要な配電に関する計算のあれこれ 6部

配電線路の電圧降下

1. 配電線路の電圧降下に関する解説

送配電線路では，電流が流れることによって電圧降下が発生します．その検討に当たっては，適切な等価回路を考える必要があります．

例えば，線路亘長が数百 km 以上の長距離線路では，線路抵抗 R，インダクタンス L，静電容量 C，漏れコンダクタンス G などの線路定数を考慮した分布定数回路を用いる必要があります．また，線路亘長が数十 km 程度の中距離線路の場合は，G を除く R，L，C の集中定数回路である T 形回路や π 形回路を用います．

一方，線路亘長が数十 km 程度以下（多くの配電線）の場合は C，G の影響を無視してよく，線路の末端に負荷力率 $\cos\theta$（遅れ）の集中負荷がある場合の等価回路は，抵抗 R やリアクタンス X が 1 箇所に集中したシンプルな回路を用いることができます（**図 1**）．

図 1 において，線路に電流 $\dot{I}$ が流れると，線路のインピーダンスによって電

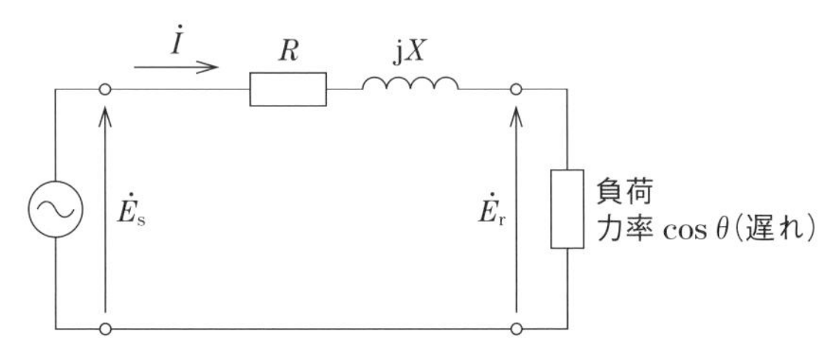

図 1　短距離送配電線路の等価回路（一相分）

圧降下が生じます．抵抗 R による電圧降下は電流 $\dot{I}$ と同相であり，リアクタンス X による電圧降下は電流 $\dot{I}$ よりも位相が 90 度進みます．

このとき，受電端相電圧 $\dot{E}_r$ を基準にベクトル図を描くと**図 2** のようになります．

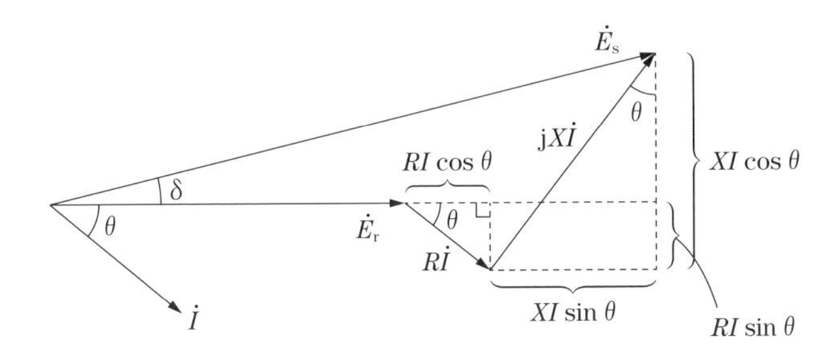

図 2　集中負荷回路のベクトル図（$\dot{E}_r$基準）

図 2 のベクトル図において，E_s を斜辺，$(E_r+RI\cos\theta+XI\sin\theta)$ を底辺とする直角三角形を考えると，三平方の定理より，

$$E_s{}^2=(E_r+RI\cos\theta+XI\sin\theta)^2+(XI\cos\theta-RI\sin\theta)^2$$

となりますので，送電端電圧 E_s は，

$$E_s=\sqrt{(E_r+RI\cos\theta+XI\sin\theta)^2+(XI\cos\theta-RI\sin\theta)^2}\quad\cdots(1)$$

となります．一般に，図 2 における δ は小さいので，(1)式の根号内の第 2 項を省略でき，

$$E_s \fallingdotseq E_r+I(R\cos\theta+X\sin\theta)$$

という簡略式で扱うことができます．以上より，電圧降下 e は，

$$e=E_s-E_r \fallingdotseq I(R\cos\theta+X\sin\theta)\quad\cdots(2)$$

となります．ここで(2)式の e は，電線 1 線と中性線の間の電圧降下であることに注意してください．

一般に送配電系統では，電圧というと線間電圧を意味します．線間電圧の場合の電圧降下は，単相 2 線式では往復分と考え，(2)式の 2 倍となります．また，三相 3 線式では線間電圧の大きさは相電圧の $\sqrt{3}$ 倍で，$V_s=\sqrt{3}E_s$，$V_r=\sqrt{3}E_r$ なので，(2)式の $\sqrt{3}$ 倍となります．したがって，三相 3 線式の場合の電圧降下 v を求める式は以下のようになります．

$$v=V_s-V_r \fallingdotseq \sqrt{3}I(R\cos\theta+X\sin\theta)\quad\cdots(3)$$

以上が，一般に公式として用いられている三相 3 線式における電圧降下の式の導出になります.

2. 高圧配電線路の電圧降下に関する計算問題

【電験三種・電力科目・令和 5 年・上期・問 17】

問 17　三相 3 線式高圧配電線の電圧降下について，次の（a）及び（b）の問に答えよ.

図のように，送電端 S 点から三相 3 線式高圧配電線で A 点，B 点及び C 点の負荷に電力を供給している．S 点の線間電圧は 6 600 V であり，配電線 1 線当たりの抵抗及びリアクタンスはそれぞれ 0.3 Ω/km とする.

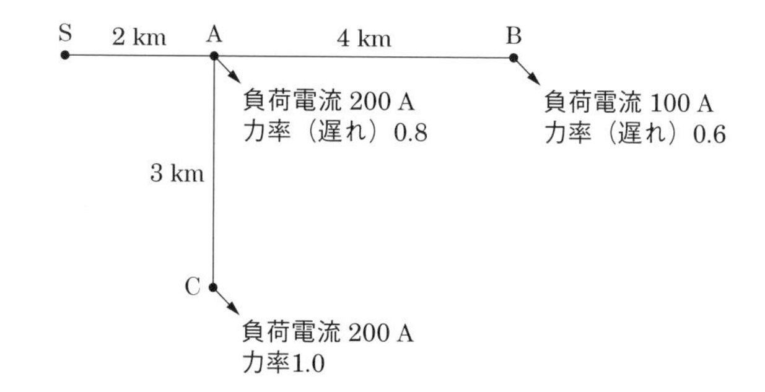

（a）S–A 間を流れる電流の値［A］として，最も近いものを次の（1）～(5) のうちから一つ選べ.

（1）405　（2）420　（3）435　（4）450　（5）465

（b）A–B における電圧降下率の値［%］として，最も近いものを次の（1)～（5）のうちから一つ選べ.

（1）4.9　（2）5.1　（3）5.3　（4）5.5　（5）5.7

―本問の解答

（a）

電圧降下を求める際は，まず電流を求める必要があります．ここでは，各点の力率が異なっていますので，各電流を，$\dot{I}=I(\cos\theta-\mathrm{j}\sin\theta)$といったように複素数の形で表して演算する必要があります.

A 点，B 点，C 点の負荷電流をそれぞれ $\dot{I}_A$ [A]，$\dot{I}_B$ [A]，$\dot{I}_C$ [A] とすると，

$\cos\theta_A=0.8$ より，$\sin\theta_A=\sqrt{1-\cos^2\theta_A}=\sqrt{1-0.8^2}=0.6$ となるので，

$\dot{I}_A=I_A(\cos\theta_A-\mathrm{j}\sin\theta_A)=200\times(0.8-\mathrm{j}0.6)=160-\mathrm{j}120$ [A]

同様に，$\cos\theta_B=0.6$ より，$\sin\theta_B=\sqrt{1-\cos^2\theta_B}=\sqrt{1-0.6^2}=0.8$ となるので，

$\dot{I}_B=I_B(\cos\theta_B-\mathrm{j}\sin\theta_B)=100\times(0.6-\mathrm{j}0.8)=60-\mathrm{j}80$ [A]

そして，$\cos\theta_C=1.0$ より，$\sin\theta_C=\sqrt{1-\cos^2\theta_C}=\sqrt{1-1.0^2}=0$ となるので，

$\dot{I}_C=I_C(\cos\theta_C-\mathrm{j}\sin\theta_C)=200\times(1.0-\mathrm{j}0)=200$ A

以上より，S–A 間を流れる電流 $\dot{I}_{SA}$ [A] は，

$\dot{I}_{SA}=\dot{I}_A+\dot{I}_B+\dot{I}_C=(160-\mathrm{j}120)+(60-\mathrm{j}80)+200=420-\mathrm{j}200$ [A]

となり，その大きさ $|\dot{I}_{SA}|$ は，

$|\dot{I}_{SA}|=\sqrt{420^2+200^2}=\sqrt{216{,}400}\fallingdotseq 465.19$ A → **465 A （答）（5）**

(b)

A–B 間における電圧降下率を求めるために，まず，A 点の電圧 V_A [V] を求め，その後，B 点の電圧 V_B [V] を求めます．その際に，電圧降下の近似式である $\Delta V\fallingdotseq\sqrt{3}I(R\cos\theta+X\sin\theta)$ を用います．

まず，S–A 間における配電線 1 線当たりの抵抗 R_{SA}，リアクタンス X_{SA} は，

$R_{SA}=0.3\times 2=0.6\ \Omega$，$X_{SA}=0.3\times 2=0.6\ \Omega$ となります．

また，(a) より，S–A 間を流れる電流 $\dot{I}_{SA}$ の力率 $\cos\theta_{SA}$ と $\sin\theta_{SA}$ は，

$$\cos\theta_{SA}=\frac{420}{465.19}\fallingdotseq 0.9029,\quad \sin\theta_{SA}=\frac{200}{465.19}\fallingdotseq 0.4299$$ となります．

以上より，S–A 間の電圧降下 ΔV_{SA} [V] は，

$$\Delta V_{SA}\fallingdotseq\sqrt{3}I_{SA}(R_{SA}\cos\theta_{SA}+X_{SA}\sin\theta_{SA})$$
$$=\sqrt{3}\times 465.19\times(0.6\times 0.9029+0.6\times 0.4299)\fallingdotseq 644.3\ \mathrm{V}$$

となります．送電端 S 点の線間電圧 V_S は，$V_S=6{,}600$ V なので，

$V_A=V_S-\Delta V_{SA}=6{,}600-644.3=5{,}955.7$ V

となります．

同様にして，A–B 間における配電線 1 線当たりの抵抗 R_{AB}，リアクタンス X_{AB} は，

$R_{AB}=0.3\times 4=1.2\ \Omega$，$X_{AB}=0.3\times 4=1.2\ \Omega$ となります．

その間の電圧降下 ΔV_{AB} は，流れる電流は $\dot{I}_B(=60-\mathrm{j}80)$ [A]（大きさは 100 A）なので，

$$\Delta V_{AB}\fallingdotseq\sqrt{3}I_B(R_{AB}\cos\theta_B+X_{AB}\sin\theta_B)$$

$$=\sqrt{3}\times 100\times(1.2\times 0.6+1.2\times 0.8)\fallingdotseq 290.1\ \mathrm{V}$$

となります．よって，B 点における線間電圧 V_B は，$V_A=5{,}955.7\ \mathrm{V}$ なので，

$$V_B=V_A-\Delta V_{AB}=5{,}955.7-290.1=5{,}665.6\ \mathrm{V}$$

したがって，A–B における電圧降下率 ε は，

$$\varepsilon=\frac{V_A-V_B}{V_B}\times 100=\frac{\Delta V_{AB}}{V_B}\times 100=\frac{290.1}{5{,}665.6}\times 100$$

$\fallingdotseq 5.12\% \rightarrow$ **5.1%　（答）（2）**

配電線路の電力損失

1．配電線の電力損失に関する解説

電力損失は，配電線路を流れる電流を I［A］，配電線 1 線当たりの抵抗を R［Ω］とすると，I^2R［W］で表されます．したがって，三相 3 線式の場合の電力損失は，その 3 倍となり，$3I^2R$［W］で表されます．

三相 3 線式における電圧降下については前項で説明したので，ここでは電圧降下率について説明します．

電圧降下率とは，配電線で発生する電圧降下（絶対値）の受電端電圧（絶対値）に対する割合のことで，通常はパーセントで表します．すなわち，送電端線間電圧を V_s，受電端線間電圧を V_r，電圧降下を v とすれば（これらはいずれも絶対値），

$$\text{電圧降下率 } \varepsilon=\frac{v}{V_r}\times 100$$

$$=\frac{V_s-V_r}{V_r}\times 100\,[\%]$$

と表せます．

したがって，配電線 1 線当たりの抵抗を R［Ω］，同じくリアクタンスを X［Ω］，配電線を流れる電流を I［A］，受電端線間電圧を V_r［V］，負荷の力率を $\cos\theta$ とすると，三相 3 線式の電圧降下率 ε は，

$$\varepsilon=\frac{\sqrt{3}I(R\cos\theta+X\sin\theta)}{V_r}=100\,[\%]$$

と表せます．

2. 配電線の電力損失および電圧降下に関する計算問題

【電験三種・電力科目・令和元年・問 17】

問 17　三相 3 線式配電線路の受電端に遅れ力率 0.8 の三相平衡負荷 60 kW（一定）が接続されている．次の（a）及び（b）の問に答えよ．

ただし，三相負荷の受電端電圧は 6.6 kV 一定とし，配電線路のこう長は 2.5 km，電線 1 線当たりの抵抗は 0.5 Ω/km，リアクタンスは 0.2 Ω/km とする．なお，送電端電圧と受電端電圧の位相角は十分小さいものとして得られる近似式を用いて解答すること．また，配電線路こう長が短いことから，静電容量は無視できるものとする．

（a）この配電線路での抵抗による電力損失の値［W］として，最も近いものを次の（1）～（5）のうちから一つ選べ．

（1）22　（2）54　（3）65　（4）161　（5）220

（b）受電端の電圧降下率を 2.0 %以内にする場合，受電端でさらに増設できる負荷電力（最大）の値［kW］として，最も近いものを次の（1）～（5）のうちから一つ選べ．ただし，負荷の力率（遅れ）は変わらないものとする．

（1）476　（2）536　（3）546　（4）1 280　（5）1 340

―本問の解答

（a）

電力損失は，配電線路を流れる電流を I［A］，配電線の抵抗を R［Ω］とすると，I^2R［W］で表されます．まず，配電線の抵抗 R［Ω］とリアクタンス X［Ω］の大きさは，

$R=0.5\times2.5=1.25\ \Omega$，$X=0.2\times2.5=0.5\ \Omega$ となります．

次に，三相負荷の受電端線間電圧を V_r［V］，力率を $\cos\theta$ とすると，三相負荷の有効電力 P は，$P=\sqrt{3}V_rI\cos\theta$［W］で表されるので，これを用いて I を求めると，

$$I=\frac{P}{\sqrt{3}V_r\cos\theta}=\frac{60\times10^3}{\sqrt{3}\times(6.6\times10^3)\times0.8}=\frac{60}{\sqrt{3}\times6.6\times0.8}\fallingdotseq6.561\ \mathrm{A}$$

となります．よって，この配電線路での抵抗による電力損失 P_L［W］は，一相

分の電力損失は I^2R［W］なので，これを3倍することによって得られ，

$$P_L = 3I^2R = 3\times 6.561^2\times 1.25 \fallingdotseq 161.42\ \mathrm{W} \rightarrow \mathbf{161\ W}$$ **（答）(4)**

(b)

受電端の電圧降下率は，$\text{電圧降下率} = \dfrac{\text{電圧降下}}{\text{受電端電圧}}\times 100$［%］で表されます．題意より，これを2.0％以内にする必要がありますので，

$$\text{電圧降下率} = \frac{\sqrt{3}I(R\cos\theta + X\sin\theta)}{V_r}\times 100$$

$$= \frac{\sqrt{3}I(1.25\times 0.8 + 0.5\times 0.6)}{6{,}600}\times 100 \leqq 2.0$$

という不等式が成り立ちます．これを I について解くと，

$$I \leqq \frac{2.0\times 6{,}600}{\sqrt{3}\times(1.25\times 0.8 + 0.5\times 0.6)\times 100} = \frac{2\times 66}{\sqrt{3}\times 1.3} \fallingdotseq 58.623\ \mathrm{A}$$

したがって，所定の電圧降下率を満足するためには，配電線路を流れる電流の大きさを58.623 A以下にする必要があります．現在の電流の大きさは，(a)より，6.561 Aですので，この条件を満足するためには，後，

$I_{new} = 58.623 - 6.561 = 52.062\ \mathrm{A}$ を流すことができることになります．

よって，受電端でさらに増設できる負荷電力（最大）P_{new} の値［kW］は，負荷の力率は変わりませんので，

$$P_{new} = \sqrt{3}V_r I_{new}\cos\theta = \sqrt{3}\times 6{,}600\times 52.062\times 0.8 \fallingdotseq 476{,}118.9\ \mathrm{W}$$

$$\fallingdotseq 476.12\ \mathrm{kW} \rightarrow \mathbf{476\ kW}$$ **（答）(1)**

配電線路の力率改善

1．配電線路の力率改善に関する解説

(1) 力率とは

電力には有効電力，無効電力，皮相電力の3種類があり，一般に力率は以下の式で表されます．

$$\text{力率} = \frac{\text{有効電力}P}{\text{皮相電力}S} = \frac{\text{有効電力}}{\text{電圧実効値}\times\text{電流実効値}}$$

なお，電気料金の基本料の算定根拠となる力率は，電力量を用いて以下の式で求められます．

$$力率=\frac{有効電力量}{\sqrt{有効電力量^2+無効電力量^2}}$$

(2) 力率改善の目的

力率を 100 %に近づけることを力率改善といい，力率改善には，下記のように需要家側から見たメリットと電力供給者側から見たメリットがあります．

【需要家側のメリット】

・電気料金（基本料金）の低減
・受電用変圧器容量の適正化
・構内配電ロスの低減
・受電端電圧の適正化

【供給者側のメリット】

・送配電ロスの低減
・系統電圧の維持（重負荷時）

(3) 力率改善の仕組み

交流電力は，電圧と電流に位相差があるので，上記のように有効電力の他に無効電力と皮相電力の 3 種類があります．無効電力は負荷に流れる遅れまたは進みの無効電流により生じ，それぞれ遅れ無効電力または進み無効電力といいます．

遅れ無効電流 I_{L} は，送配電線や負荷の多くを占める変圧器，誘導電動機などのインダクタンスにより発生するため，**図 3** のように，相電圧 $\boldsymbol{E}$ を基準とすると 90 度遅れの位相となります．

力率改善は，負荷に並列に進相コンデンサを設置して，遅れ無効電流と逆位相の進み無効電流を流すことで，両者を相殺することによって負荷電流の位相

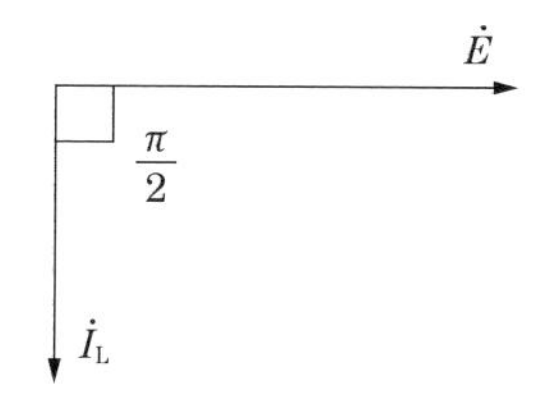

図 3　インダクタンスにおける電圧と電流

角を小さくする（ $\cos\theta$ を 1.0 に近づける）ことです．

図 4 は，負荷に進相コンデンサを設置した場合の等価回路を表しています．

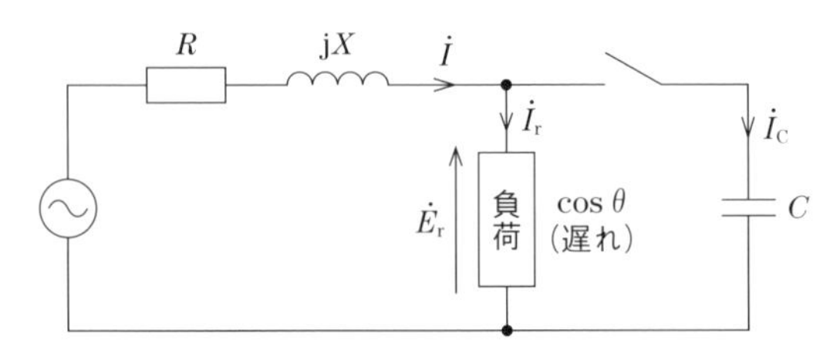

図 4　コンデンサ設置の等価回路（一相分）

また，**図 5** のベクトル図に示すように，負荷に流れる電流 I_r は，有効分電流 $I_r\cos\theta$ と無効分電流 $I_r\sin\theta$ に分けられます．負荷の力率が遅れる原因である無効分電流 $I_r\sin\theta$ を相殺するため，逆の位相となるコンデンサ電流 I_C を流すことによって力率を改善することができます．

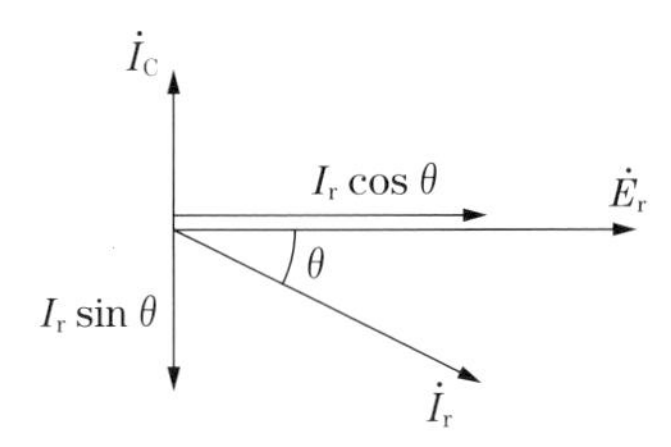

図 5　図 4 の等価回路におけるベクトル図

以上より，線路電流 $\dot{I}$ は電流則により以下の式で表されます．

$$\begin{aligned}\dot{I}&=\dot{I}_r+\dot{I}_C\\&=I_r(\cos\theta-\mathrm{j}\sin\theta)+\mathrm{j}I_C\\&=I_r\cos\theta+\mathrm{j}(I_C-I_r\sin\theta)\end{aligned}$$

つまり，$I_C=I_r\sin\theta$ のとき，無効分電流が 0 となり，力率が 1 となります．

(4)　力率改善の効果

①　電力損失の低減

図 6 に示したベクトル図のように，負荷の有効電力 P を一定としたとき，力率改善により線電流 I や皮相電力 S が減少しますので，その結果として電力損失 I^2R が低減します．

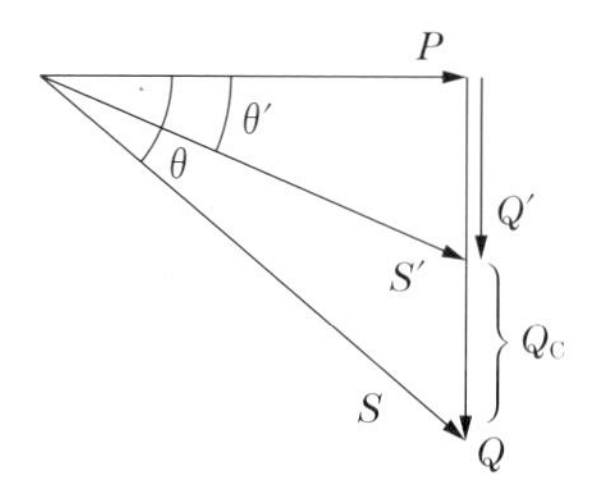

ただし，Q：力率改善前の無効電力
Q'：力率改善後の無効電力
Q_C：進相コンデンサの容量
θ：力率改善前の力率角
θ'：力率改善後の力率角
S：力率改善前の皮相電力
S'：力率改善後の皮相電力　$S'<S$

図6　有効電力Pが一定の場合のベクトル図

②　電気料金の低減

一般に，力率が85 %以上になると電気料金における基本料金の割引が適用されます.

③　電圧降下の減少

線電流Iの減少と力率角θの減少は電圧降下v，すなわち前述の，

$$v \fallingdotseq \sqrt{3} I (R \cos\theta + X \sin\theta)\,[\mathrm{V}]$$

に影響を及ぼします．

(5) 力率改善に必要なSC容量

力率改善に必要なSCの容量（Q_C）の求め方について説明します.

図6のベクトル図より，力率を$\cos\theta'$に改善するためのコンデンサ容量は，以下の式で表されます.

$$\begin{aligned} Q_C &= Q - Q' \\ &= P\tan\theta - P\tan\theta' \end{aligned}$$

$$\therefore Q_C = P\left(\frac{\sqrt{1-\cos^2\theta}}{\cos\theta} - \frac{\sqrt{1-\cos^2\theta'}}{\cos\theta'}\right)$$

例えば，負荷容量500 kW，力率80 %の負荷を力率95 %にするために必要なコンデンサ容量Q_Cは，上式に数値を代入すると，

$$Q_C = P\left(\frac{\sqrt{1-\cos^2\theta}}{\cos\theta} - \frac{\sqrt{1-\cos^2\theta'}}{\cos\theta'}\right)$$

$$=500\times\left(\frac{\sqrt{1-0.8^2}}{0.8}-\frac{\sqrt{1-0.95^2}}{0.95}\right)$$

$$=500\times(0.75-0.329)\fallingdotseq 210\ \mathrm{kVar}$$

となります．

(6) 進み力率によるフェランチ効果

以前は高圧需要家が設置するコンデンサ容量を三相変圧器容量の3分の1程度とすることが目安だったようです（現在，高圧受電設備規程では，負荷の想定無効電力に合った容量とすることが推奨されています）．

上記の目安は，電気料金は力率85％を上まわるほど割引率が大きくなる制度であること，負荷力率を想定することが難しかったことなどが主な理由と考えられますが，結果的に余裕をもったコンデンサ容量となっていたようです．その場合，夜間休日など電動機負荷が多い工場が稼働しない期間は，投入されたままのコンデンサによる進み無効電力が過剰になり，送電端電圧よりも受電端電圧が高くなるフェランチ効果が問題となるケースが起こり得ます．

フェランチ効果を説明するため，**図7**に配電線一相分の等価回路を示します．

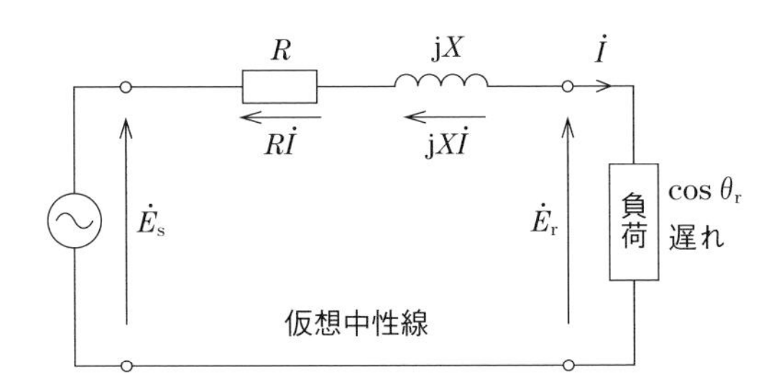

ここで，E_s：送電端相電圧，E_r：受電端相電圧，I：負荷電流，R：線路抵抗，X：線路リアクタンス，$\cos\theta_r$：負荷力率

図7　配電線一相分の等価回路

図8は，図7における各電圧，電流のベクトル図を表しています．（a）は平日昼間の負荷を想定しており，負荷電流Iが遅れ電流になっています．この場合，送電端電圧E_sに比べ受電端電圧E_rは小さくなります．

一方，（b）は夜間休日の負荷を想定しており，負荷電流Iは系統の進み無効電力の影響により進み電流となり，その結果，送電端電圧E_sに比べ受電端電圧

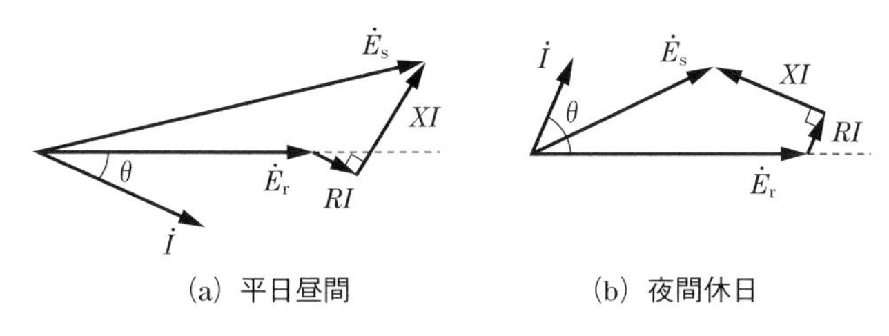

図8　フェランチ効果を説明するためのベクトル図

E_r が大きくなっています．

フェランチ効果の対策としては，工場が稼働しない夜間や休日には，需要家側の進相コンデンサを開放することがあげられます．そのために人手をかけられない場合は，省力化の観点からタイマーや自動力率調整装置の適用などが望まれます．

2．高圧配電線の力率の導出に関する計算問題

【電験三種・電力科目・平成 30 年・問 13】

問 13　三相 3 線式高圧配電線で力率 $\cos\phi_1 = 0.76$（遅れ），負荷電力 P_1［kW］の三相平衡負荷に電力を供給している．三相平衡負荷の電力が P_2［kW］，力率が $\cos\phi_2$（遅れ）に変化したが線路損失は変わらなかった．P_1 が P_2 の 0.8 倍であったとき，負荷電力が変化した後の力率 $\cos\phi_2$（遅れ）の値として，最も近いものを次の（1）～（5）のうちから一つ選べ．ただし，負荷の端子電圧は変わらないものとする．

（1）0.61　　（2）0.68　　（3）0.85　　（4）0.90　　（5）0.95

―本問の解答

負荷の端子電圧（線間）を V［V］，力率が $\cos\phi_1$ のときの電流を I_1［A］，力率が $\cos\phi_2$ のときの電流を I_2［A］とします．

まず，力率が $\cos\phi_1$ のときの線路損失 W_1 は，$W_1 = 3I_1{}^2R$［W］

同様に，力率が $\cos\phi_2$ のときの線路損失 W_2 は，$W_2 = 3I_2{}^2R$［W］

と表せます．題意より，線路損失は不変ですので，$W_1 = W_2$ が成り立ちます．

$\therefore 3I_1{}^2R = 3I_2{}^2R \quad \therefore I_1 = I_2$ となります．

一方，力率 $\cos\phi_1$ のときの三相電力 P_1 ならびに力率 $\cos\phi_2$ のときの三相電

力 P_2 はそれぞれ，

$P_1=\sqrt{3}VI_1\cos\phi_1$ [W]，$P_2=\sqrt{3}VI_2\cos\phi_2$ [W] となります．

題意より，$P_1=0.8P_2$ ですので，$I_1=I_2$ を代入すると，

$$\sqrt{3}VI_1\cos\phi_1=0.8\times\sqrt{3}VI_1\cos\phi_2$$

$$\therefore \cos\phi_1=0.8\times\cos\phi_2$$

$$\therefore \cos\phi_2=\frac{\cos\phi_1}{0.8}=\frac{0.76}{0.8}=\mathbf{0.95}$$ **（答）(5)**

配電線路の故障（短絡事故・地絡事故）

1．配電線路の短絡事故に関する解説

(1) %インピーダンスの定義

%インピーダンス（%Z）は，**図9** に示すように，インピーダンス Z [Ω] に定格電流 I_n [A] が流れたときに生ずる電圧降下（$=ZI_n$）と，定格電圧 E_n [V] の比を%で表したものです．「百分率インピーダンス」や「短絡インピーダンス」といった呼び方もあります．

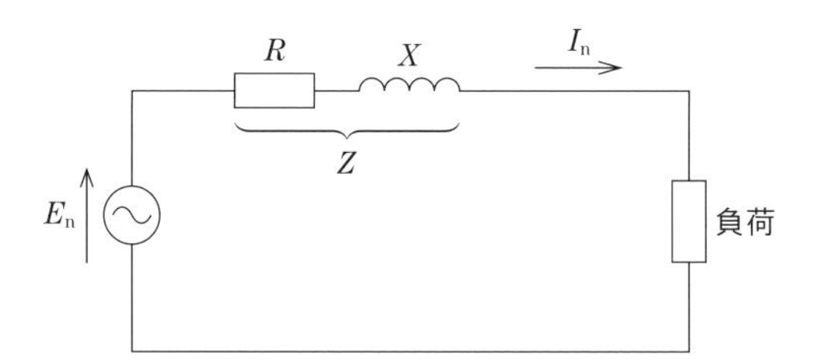

図9 %インピーダンスの定義を考える際に用いる単相回路

すなわち，

$$\%Z=\frac{ZI_n}{E_n}\times 100=\frac{ZP_n}{E_n^2}\times 100\,[\%]$$

上式において，P_n は定格容量であり，単相回路では，$P_n=E_nI_n$ [VA] です．一方，三相回路の場合は，線間電圧 $V_n=\sqrt{3}E_n$ を用います．このとき，定格容量 P_n は，$P_n=\sqrt{3}V_nI_n$ [VA] と表せますので，

$$\%Z=\frac{ZI_n\times 100}{V_n/\sqrt{3}}=\frac{ZP_n}{V_n^2}\times 100\,[\%]$$

となり，式の形は単相回路の場合と同じになります．また，上式から，%Z は定格容量 P_n に比例することがわかります（%$Z\propto P_n$）．また，%Z の計算を行

う際の注意点として，基準となる容量に統一して計算しなければならないことに留意してください．

(2) 三相短絡故障と％インピーダンス

単相回路において，電圧E_nを印加したときに流れる短絡電流I_sは，$I_s = E_n/Z$［A］となります．ここで，Zを%Zで表すと，

$$Z = \frac{\%Z \times E_n^2}{100 \times P_n} [\Omega]$$

となり，この式に$P_n = E_n I_n$を代入すると，短絡電流I_sは，

$$I_s = \frac{E_n}{Z} = E_n \frac{100 E_n I_n}{\%Z \cdot E_n^2} = \frac{100}{\%Z} I_n [A]$$

となります．三相短絡の場合も相電圧を使用して，単相回路と同様に計算することができます．

上式から，仮に%Z＝100％のとき，流れる短絡電流I_sは定格電流I_nに等しくなり，％インピーダンスの値が100％よりも小さければ（これが普通です），定格電流I_nよりも大きくなることがわかります．

(3) 短絡容量と短絡電流

短絡容量とは，短絡電流を容量［VA］で表現したものです．すなわち，三相回路における定格容量は$P_n = \sqrt{3} V_n I_n$ですので，三相短絡容量P_sは，次式のように表せます．

$$P_s = \sqrt{3} V_n I_S = \sqrt{3} V_n \frac{100 I_n}{\%Z} = \frac{100}{\%Z} P_n [VA]$$

2. 自家用電気設備での三相短絡事故に関する計算問題

【電験三種・法規科目・平成29年・問12】

問12　図に示す自家用電気設備で変圧器二次側（210 V側）F点において三相短絡事故が発生した．次の（a）及び（b）の問に答えよ．

ただし，高圧配電線路の送り出し電圧は6.6 kVとし，変圧器の仕様及び高圧配電線路のインピーダンスは表のとおりとする．なお，変圧器二次側からF点までのインピーダンス，その他記載の無いインピーダンスは無視するものとする．

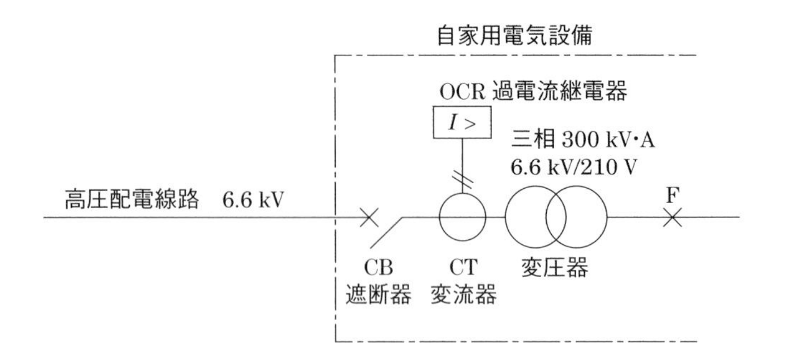

表

変圧器定格容量/相数	300 kV·A/三相
変圧器定格電圧	一次 6.6 kV/二次 210 V
変圧器百分率抵抗降下	2 %（基準容量 300 kV·A）
変圧器百分率リアクタンス降下	4 %（基準容量 300 kV·A）
高圧配電線路百分率抵抗降下	20 %（基準容量 10 MV·A）
高圧配電線路百分率リアクタンス降下	40 %（基準容量 10 MV·A）

（a）F 点における三相短絡電流の値［kA］として，最も近いものを次の（1）～（5）のうちから一つ選べ．

（1）1.2　（2）1.7　（3）5.2　（4）11.7　（5）14.2

（b）変圧器一次側（6.6 kV 側）に変流器 CT が接続されており，CT 二次電流が過電流継電器 OCR に入力されているとする．三相短絡事故発生時の OCR 入力電流の値［A］として，最も近いものを次の（1）～（5）のうちから一つ選べ．

ただし，CT の変流比は 75 A/5 A とする．

（1）12　（2）18　（3）26　（4）30　（5）42

本問の解答

（a）

三相短絡事故点 F は変圧器 2 次側にありますので，今回は基準容量を三相変圧器の定格容量である300 kVAとして，高圧配電線路の百分率抵抗降下$\%R$と百分率リアクタンス降下$\%X$の値をそれぞれ換算します．

$$\%R=20\times\frac{300\ \mathrm{kVA}}{10\ \mathrm{MVA}}=20\times\frac{300\ \mathrm{kVA}}{10{,}000\ \mathrm{kVA}}=\frac{20\times3}{100}=\frac{60}{100}=0.6\%$$

$$\%X=40\times\frac{300\ \mathrm{kVA}}{10\ \mathrm{MVA}}=40\times\frac{300\ \mathrm{kVA}}{10{,}000\ \mathrm{kVA}}=\frac{40\times3}{100}=\frac{120}{100}=1.2\%$$

したがって，変圧器と高圧配電線路の合成インピーダンスを$\%Z$とすると，$\%\dot{Z}=(2+\mathrm{j}4)+(0.6+\mathrm{j}1.2)=2.6+\mathrm{j}5.2$ [%] となります．したがって，その大きさは，

$$\therefore|\%\dot{Z}|=\sqrt{2.6^2+5.2^2}=\sqrt{6.76+27.04}\fallingdotseq5.814\%$$

一方，変圧器2次側の定格電流をI_nとすると，

$$I_\mathrm{n}=\frac{300\ \mathrm{kVA}}{\sqrt{3}\times210\ \mathrm{V}}=\frac{300\times10^3\ \mathrm{VA}}{\sqrt{3}\times210\ \mathrm{V}}\fallingdotseq824.79\ \mathrm{A}$$

よって，三相短絡事故点Fにおける三相短絡電流I_Sの大きさは，

$$I_\mathrm{S}=\frac{100}{|\%\dot{Z}|}I_\mathrm{n}=\frac{100}{5.814}\times824.79\fallingdotseq14{,}186\ \mathrm{A}\rightarrow\underline{\mathbf{14.2\ kA}\quad\text{（答）（5）}}$$

(b)

(a) で求めた三相短絡電流I_Sは変圧器2次側（210 V側）の値ですので，これをI_S2とし，変圧器1次側に換算した値I_S1を求めると，

$$I_\mathrm{S1}=\frac{210}{6{,}600}I_\mathrm{S2}=\frac{210}{6{,}600}\times14{,}186=451.37\ \mathrm{A}$$となります．

題意より，CTの変流比は75 A/5 Aですから，求めるOCR入力電流の値I_OCRは，CTの2次側の電流にほかなりませんので，

$$I_\mathrm{OCR}=\frac{5}{75}I_\mathrm{S1}=\frac{5}{75}\times451.37\fallingdotseq30.09\ \mathrm{A}\rightarrow\underline{\mathbf{30\ A}\quad\text{（答）（4）}}$$

3. 配電線路の地絡事故に関する解説

地絡電流の大きさは接地方式によって大きく異なります．地絡電流は対称座標法によって求められますが，計算が煩雑になることから，ここではテブナンの定理を用いて，地絡故障の中で最も多く発生する一線地絡電流を簡易に求める方法について説明します．

非接地方式線路の地絡故障

日本の高圧配電系統は一般に非接地方式が採用されています．この非接地方式線路において，一線地絡事故が発生した場合を考えてみます．

図 10 において，周波数を f [Hz]，一線当たりの対地静電容量を C [F]，線間電圧を V [V]（通常は V=6,600 V です）とします．なお，高圧配電線路や配電用変電所の変圧器のインピーダンスは，C による容量性リアクタンス X_c（$=1/2\pi fC$）に比べて十分小さいので無視します．

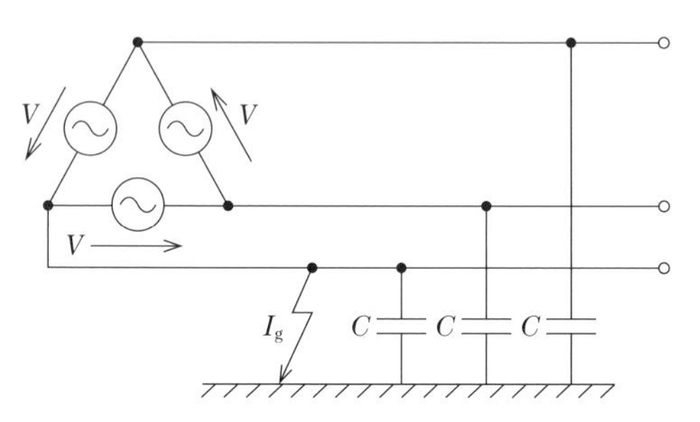

図 10　非接地方式線路における一線地絡事故

図 10 の非接地方式線路における一線地絡事故時の等価回路は，テブナンの定理より**図 11** のようになります．

まず，地絡事故点において「仮想のスイッチ S」を考えます．通常状態ではこのスイッチ S は開いており，一線地絡事故の発生時に閉じる（＝地絡電流 I_g が流れる）と考えます．S が開いているとき，すなわち通常状態では，この S には高圧配電線の一線と大地間の電圧，すなわち相電圧 E（$=V/\sqrt{3}$）[V] が現れていると考えます．また，S から高圧配電線路を見たとき，対地静電容量 C が 3 個（三相分）並列に接続されていると考えます．

図 11 の等価回路における容量性リアクタンスを X_c [Ω]，周波数を f [Hz]

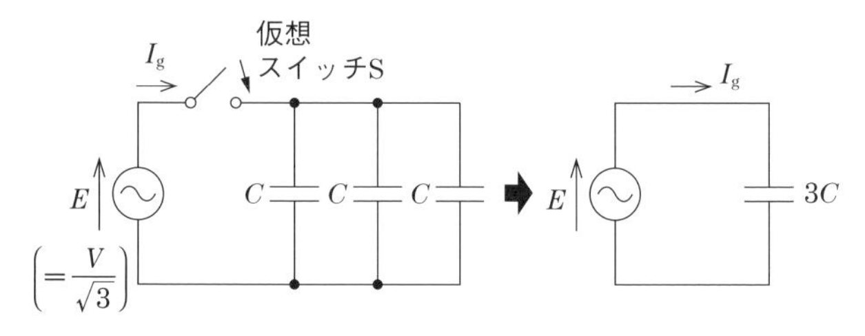

図 11　非接地方式線路における一線地絡事故時のテブナン等価回路

$(\omega=2\pi f)$ とすると，Sが閉じたとき，すなわち一線地絡事故が発生したときに流れる電流I_gの大きさは，

$$I_g=\frac{V/\sqrt{3}}{X_c}=\frac{V/\sqrt{3}}{1/3\omega C}=\sqrt{3}\,\omega CV\,[\mathrm{A}]$$

となります．

4．一線地絡事故発生時の接地線に流れる電流に関する計算問題

【電験三種・法規科目・平成21年・問11】

問11　図に示すような，相電圧E〔V〕，周波数f〔Hz〕の対称三相3線式低圧電路があり，変圧器の中性点にB種接地工事が施されている．B種接地工事の接地抵抗値をR_B〔Ω〕，電路の一相当たりの対地静電容量をC〔F〕とする．

この電路の絶縁抵抗が劣化により，電路の一相のみが絶縁抵抗値R_G〔Ω〕に低下した．このとき，次の（a）及び（b）に答えよ．

ただし，上記以外のインピーダンスは無視するものとする．

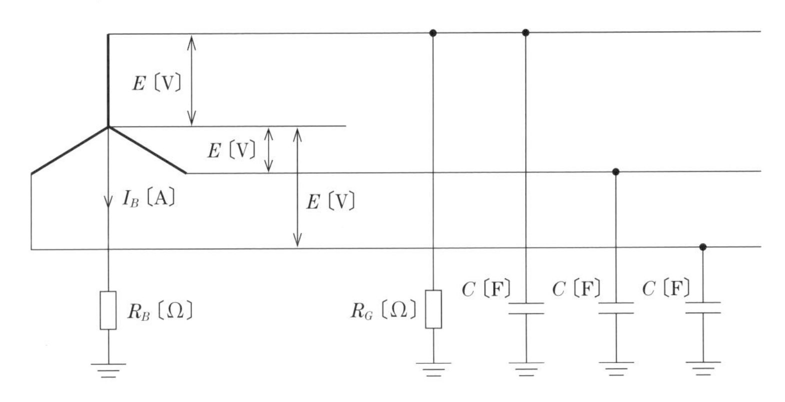

（a）劣化により一相のみが絶縁抵抗値R_G〔Ω〕に低下したとき，B種接地工事の接地線に流れる電流の大きさをI_B〔A〕とする．このI_Bを表す式として，正しいのは次のうちどれか．

ただし，他の相の対地コンダクタンスは無視するものとする．

（1）$\dfrac{E}{\sqrt{R_B{}^2+36\pi^2f^2C^2R_B{}^2R_G{}^2}}$

(2) $\dfrac{3E}{\sqrt{(R_G+R_B)^2+4\pi^2 f^2 C^2 R_B{}^2 R_G{}^2}}$

(3) $\dfrac{E}{\sqrt{(R_G+R_B)^2+4\pi^2 f^2 C^2 R_B{}^2 R_G{}^2}}$

(4) $\dfrac{E}{\sqrt{R_G{}^2+36\pi^2 f^2 C^2 R_B{}^2 R_G{}^2}}$

(5) $\dfrac{E}{\sqrt{(R_G+R_B)^2+36\pi^2 f^2 C^2 R_B{}^2 R_G{}^2}}$

(b) 相電圧Eを100〔V〕，周波数fを50〔Hz〕，対地静電容量Cを0.1〔μF〕，絶縁抵抗値R_Gを100〔Ω〕，接地抵抗値R_Bを15〔Ω〕とするとき，上記（a）のI_Bの値として，最も近いのは次のうちどれか．

(1) 0.87　(2) 0.99　(3) 1.74　(4) 2.61　(5) 6.67

本問の解答

(a)

題意より，「劣化により，電路の一相のみが絶縁抵抗値R_G［Ω］に低下した」とありますので，その相において，地絡抵抗R_G［Ω］で一線地絡事故が発生したと考え，この地絡事故点にテブナンの定理を適用します．

地絡点の開放電圧は相電圧$\dot{E}$［V］で，地絡点から見たインピーダンスは，電源を短絡して考えればよいので，R_Bと各相の静電容量Cが並列に接続されたものになります．

したがって等価回路は，**図12**のようになります．

図12より，等価回路全体の合成インピーダンス$\dot{Z}$［Ω］を求めると，

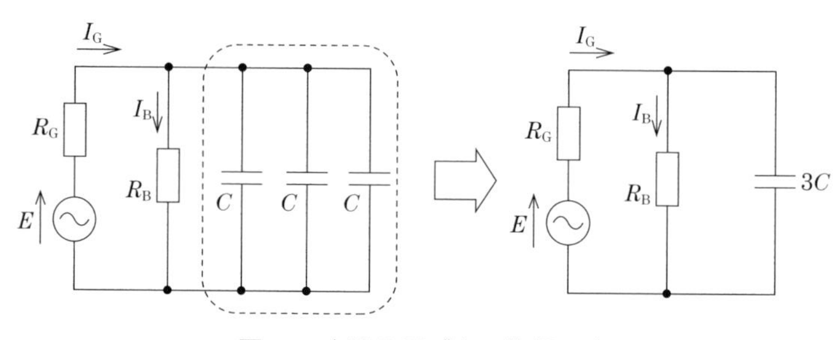

図12　本問のテブナン等価回路

$$\dot{Z}=R_G+\frac{R_B\cdot\frac{1}{j\cdot 2\pi f\cdot 3C}}{R_B+\frac{1}{j\cdot 2\pi f\cdot 3C}}=R_G+\frac{R_B}{j6\pi fCR_B+1}=\frac{R_B+R_G+j6\pi fCR_BR_G}{1+j6\pi fCR_B}$$

となりますので，地絡電流 $\dot{I}_G$ [A] は，$\dot{E}$ [V] を基準にすると ($\dot{E}=E$)，

$$\dot{I}_G=\frac{\dot{E}}{\dot{Z}}=\frac{E}{\frac{R_B+R_G+j6\pi fCR_BR_G}{1+j6\pi fCR_B}}=\frac{E(1+j6\pi fCR_B)}{R_B+R_G+j6\pi fCR_BR_G}$$ となります．

したがって，分流の法則より，$\dot{I}_B$ [A] は，

$$\dot{I}_B=\frac{\frac{1}{j2\pi f\cdot 3C}}{R_B+\frac{1}{j2\pi f\cdot 3C}}\dot{I}_G=\frac{1}{j6\pi fCR_B+1}\dot{I}_G$$

$$=\frac{1}{1+j6\pi fCR_B}\times\frac{(1+j6\pi fCR_B)E}{R_B+R_G+j6\pi fCR_BR_G}$$

$$=\frac{E}{R_B+R_G+j6\pi fCR_BR_G}$$

となるので，その大きさ I_B ($=|\dot{I}_B|$) [A] は，

$$I_B=|\dot{I}_B|=\frac{E}{\sqrt{(R_B+R_G)^2+(6\pi fCR_BR_G)^2}}$$

$$=\boldsymbol{\frac{E}{\sqrt{(R_G+R_B)^2+36\pi^2f^2C^2{R_B}^2{R_G}^2}}}$$ **(答) (5)**

(b)

(a) で求めた I_B の式に各値を代入して計算すると，

$$I_B=\frac{E}{\sqrt{(R_G+R_B)^2+36\pi^2f^2C^2{R_B}^2{R_G}^2}}$$

$$=\frac{100}{\sqrt{(100+15)^2+36\pi^2\times 50^2\times(0.1\times 10^{-6})^2\times 15^2\times 100^2}}$$

$$=\frac{100}{\sqrt{115^2+36\pi^2\times 50^2\times 10^{-14}\times 15^2\times 10^4}}$$

$$=\frac{100}{\sqrt{115^2+36\pi^2\times 50^2\times 15^2\times 10^{-10}}}$$

$$=\frac{100}{\sqrt{115^2+0.019986}}\fallingdotseq\frac{100}{115}\fallingdotseq 0.86957\,\text{A}\rightarrow\mathbf{0.87\,A}$$ **（答）(1)**

支線の強度

1．支線の強度計算に関する解説

支線の強度計算については，支線が分担すべきモーメントを M_s［Nm］，電線・支線の取付点 h_0［m］における水平荷重を P［N］として，**図 13** において力のつり合いを考えます．

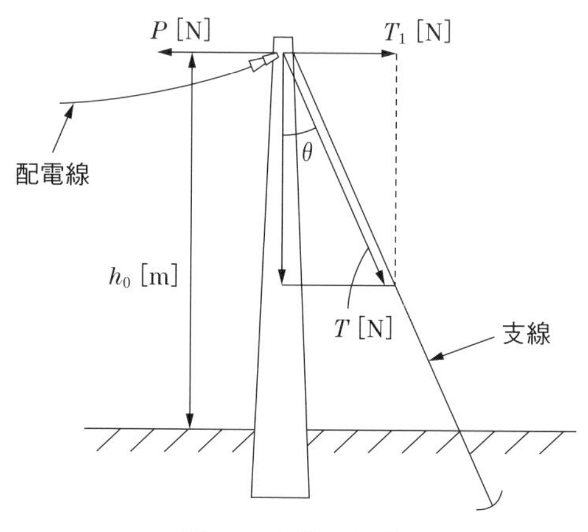

図 13　支線の張力

$P=T_1=T\sin\theta$ が成り立ちますので，

$$M_s=Ph_0=T\sin\theta h_0[\text{Nm}]$$

ここで，

M_s：支線が負担すべきモーメント［Nm］

P：水平荷重［N］

h_0：電線・支線の取付点の高さ［m］

T：支線の張力［N］

θ：支線と電柱のなす角度［度］

上式より，支線の張力 T［N］は，

$$T=\frac{P}{\sin\theta}=\frac{M_s}{h_0\sin\theta}[\text{N}]$$

となります．

最終的に張力は，安全率 F を見込んだ支線の引張荷重以内でなければならないので，その関係は，支線の引張荷重を T_s［N］とすると，次式のように表されます．

$$\frac{T_s}{F} \geqq T$$

$$\therefore T_s \geqq \frac{FP}{\sin\theta} = \frac{FM_s}{h_0 \sin\theta} \text{[N]}$$

2．支線に生じる引張荷重と支線の必要条数に関する計算問題

【電験三種・法規科目・令和 3 年・問 11】

問 11　図のように既設の高圧架空電線路から，高圧架空電線を高低差なく径間 30 m 延長することにした．

新設支持物に A 種鉄筋コンクリート柱を使用し，引留支持物とするため支線を電線路の延長方向 4 m の地点に図のように設ける．電線と支線の支持物への取付け高さはともに 8 m であるとき，次の（a）及び（b）の問に答えよ．

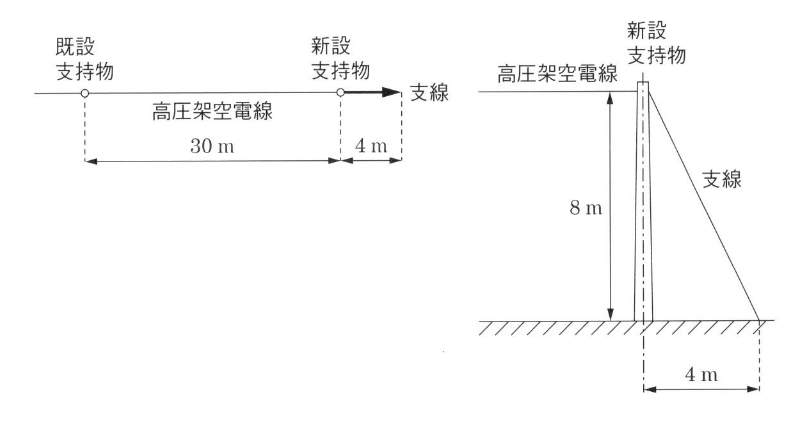

（a）電線の水平張力が 15 kN であり，その張力を支線で全て支えるものとしたとき，支線に生じる引張荷重の値［kN］として，最も近いものを次の（1）～（5）のうちから一つ選べ．

（1）　7　　（2）　15　　（3）　30　　（4）　34　　（5）　67

(b) 支線の安全率を 1.5 とした場合，支線の最少素線条数として，最も近いものを次の (1)〜(5) のうちから一つ選べ．

ただし，支線の素線には，直径 2.9 mm の亜鉛めっき鋼より線（引張強さ 1.23 kN/mm^2）を使用し，素線のより合わせによる引張荷重の減少係数は無視するものとする．

(1) 3　　(2) 5　　(3) 7　　(4) 9　　(5) 19

―本問の解答

(a)

前述のように，支線に生じる引張荷重を T [kN]，電柱と支線のなす角を θ [rad] とすると，電線の水平張力（15 kN）と $T\cdot\sin\theta$ が等しいので，

$T\cdot\sin\theta = 15$ が成り立ちます．

一方，$\sin\theta = \dfrac{4}{\sqrt{8^2+4^2}} = \dfrac{4}{\sqrt{80}} \fallingdotseq 0.4472$ ですので，

$T = \dfrac{15}{\sin\theta} = \dfrac{15}{0.4472} \fallingdotseq 33.54$ kN → **34 kN （答）(4)**

(b)

最初に，支線の素線 1 条当たりの引張強さ t [kN] を求めると，

$t = \pi \times \left(\dfrac{2.9}{2}\right)^2 \times 1.23 \fallingdotseq 8.124$ kN となります．

題意より，支線の安全率は 1.5 が必要ですので，支線の素線条数を n とすると，

$1.5\times T \leqq n\cdot t$ が成り立ちます．

これを n について解くと，$n \geqq \dfrac{1.5\times T}{t} = \dfrac{1.5\times 33.54}{8.124} \fallingdotseq 6.193$ 条となり，求める支線の最小素線条数は **7 条となります．（答）(3)**

配電設備ビギナーズ

2025年4月23日　　第1版第1刷発行

著　者　村田孝一
発行者　髙田光明
発行所　株式会社 オーム社
郵便番号　101-8460
東京都千代田区神田錦町3-1
電話　03(3233)0641(代表)
URL　https://www.ohmsha.co.jp/

印刷・製本　美研プリンティング
ISBN978-4-274-23346-3　Printed in Japan